"地 球"系 列

U0171139

SOUTH POLE

南极

[英]伊丽莎白·利恩◎著

陈晓桐◎译

上海科学技术文献出版社

Shanghai Scientific and Technological Literature Press

图书在版编目（CIP）数据

南极 / （英）伊丽莎白·利恩著；陈晓桐译．—上海：上海科学技术文献出版社，2024

ISBN 978-7-5439-9012-8

Ⅰ．①南…　Ⅱ．①伊…②陈…　Ⅲ．①南极—普及读物　Ⅳ．①P941.61-49

中国国家版本馆 CIP 数据核字 (2024) 第 048836 号

South Pole

South Pole by Elizabeth Leane was first published by Reaktion Books in the Earth series, London, UK, 2016. Copyright © Elizabeth Leane 2016

Copyright in the Chinese language translation (Simplified character rights only) © 2024 Shanghai Scientific & Technological Literature Press

图字：09-2020-503

选题策划：张　树　　　　责任编辑：姜　曼
助理编辑：仲书怡　　　　封面设计：留白文化

南　极
NANJI

[英]伊丽莎白·利恩　著　　陈晓桐　译
出版发行　上海科学技术文献出版社
地　　址：上海市长乐路 746 号
邮政编码：200040
经　　销：全国新华书店
印　　刷：商务印书馆上海印刷有限公司
开　　本：890mm×1240mm　1/32
印　　张：5.625
字　　数：103 000
版　　次：2024 年 5 月第 1 版　2024 年 5 月第 1 次印刷
书　　号：ISBN 978-7-5439-9012-8
定　　价：58.00 元
http://www.sstlp.com

目 录

前　言

在地球上，你很难找到一个比南极更奇妙的地方了，我甚至不清楚它能不能被称作一个"地方"。科学家们认为南极已经存在了上百万年，但我们真正与它接触的历史只有一百多年。很多人会认为"南极"就是指整片南极大陆，但实际上，"南极"这一概念指的只是一个点——极点。在地图学理论中，南极的准确位置就是南纬 90 度，没有任何疑问。但如果真去尝试在一张标准地图上寻找它，你可能需要从整张地图的底部开始一点一点地寻找，因为地图学的方法与我们平日里认知世界的方式大不相同。

对于南极，人们有着这样常见的印象：南极是整个地球的最远端。然而，作为地球的旋转轴与地球表面相交的两点之一，南极又好像位于世界的中心，毕竟整个星球都可以说是在围绕着它旋转。南极的地表既特殊，又枯燥。它在数千米厚的冰层上，形成了一片空旷单调的平原。在南极平原上，没有多少东西值得推荐。这里的黑夜长达半年；这里的寒冷气候对任何超过微生物体积的有机生命体都充满敌意；这里的经济价值微乎其微；更重要的是，这里似乎离哪儿都特别远。尽管如此，在20世纪的头几个十年里，人们对于追寻南极点的兴致，远远超过了任何一个地方。当时有六个国家称其为自己的领土，不过如今，如同整个南极洲大陆一样，南极点不属于任何一个国家。

通过本书，我希望讲述一个关于人类与南极的故事。这个故事始于推测和幻想，在探索与悲剧中推进，最终落脚在定居与科研。在这个故事中，有两个关键的历史节点，彼此之间相距大约50年。其一是1911年末由罗阿尔·阿蒙森领导的挪威南极探险队首次成功抵达南极点。大概一个月后，一支来自英国的五人探险小队，在罗伯特·福尔肯·斯科特带领下，也完成了这一壮举。然而，在归途之中，斯科特的小队不幸全员罹难。这一悲剧给公众留下了心理阴影。另一个关键事件，是首个南纬90度科考站的正式建立，由美国在1956至1957年间完成，并命名为"阿蒙森-斯科特南极站"以纪念两位探险家。这一永久科考站的存在揭示了南北极的一个显著不同点，与极北之地不同，南极点位于固体之上。虽然是冰层而非陆地，但人们依然可以在上面搭建建筑并定居。这也使得人类与南极的互动与北极大不相同。

除这条主线剧情外，我还想讲述一些更加复杂的故事。我一直都在说"南极"，但事实上，这世上有不止一个"南极"，有些"南极"还会自己挪动。尽管主要研究一家挪威报纸向读者承诺，阿蒙森本人将通过电报讲述南极探险故事。挪威探险队在霍巴特宣布抵达南极点。阿蒙森的照片实际上是他探险前在家附近拍摄的宣传照，他家离奥斯陆不远

的是地质学上的南极，但我无可避免地在研究中反复遇上其他定义中的"南极"。另外，虽然南极大陆总被称为"科考大陆"，我还是需要强调它作为一个自然奇观、一个探险去处、一个科考圣地之外的意义。南极是一个高度政治化、充满国际竞争的地方；南极同时也是一个文化传承之所，它所代表的文化是二次创造的常客。南极是地球上一个真实、可抵达的地点，游客们经常花大价

钱来证明这一点，但它更是一个极具吸引力的地理标志。

　　南极给人的第一印象是遥不可及的，似乎没有任何作者、画家或摄影家能够准确描述。遥远的、茫茫冰原上的一个小点，离了复杂的观测和计算根本无法定位，能有什么好讲的呢？但深入了解后，你就会发现，能讲的东西有许多，像这样的一本书可能都说不完。数千年来，通过地质学家们的推论，南极的意象缓缓积累，逐渐丰满。20世纪，人们通过陆空两路的实地探访，在科学考察、基础建设、环境危机、旅游文化等议题中，进一步为南极增添了新的含义，同时也给它蒙上了一层新的面纱。在本书中，我希望能够将南极的种种面貌展现出来。

1．南极在哪里

南极在哪里？这个问题似乎再好回答不过了。不就在南纬90度吗？地球上还有比这更独一无二、更精确且无歧义的地点吗？

然而，1911年下半年，正是这一问题让首次接近极点周边的挪威人罗阿尔·阿蒙森和他的四位同伴大费周章。面对这茫茫冰雪荒原，他们必须找到方法，尽可能精准地把最终目标从数周来一成不变的景象中辨别出来。不过直到他们庆祝了初次抵达南极的成功、完成了插旗和宣告，他们也还得承认，"我们每个人都清楚，我们没能站在南极的准确位置上"。类似的事其实早几年已有先例，前往北冰洋的探险家弗雷德里克·库克和罗伯特·皮尔里也没能拿出准确抵达北极的铁证，围绕他们是否准确抵达北极的激烈争论随之而来。

但南极大陆上的探险队伍并没有满足于这样的成果，领队阿蒙森派出三名队员乘坐狗拉雪橇分头划出20千米的距离，其中一人沿着小队原本的前进方向，另两人则分别前往垂直于原本方向的两侧，沿途留下多余的雪橇板作为标记。这对于三位队员来说是一个危险的任务。他们中的任何一个人都有可能在空旷的雪原上迷失方向，进而失去生命。与此同时，停留在原地的两名队员则观察了数小时内太阳的高度变化，并据此计算他们所在的准确位置。根据计算结果，他们继续前进了 9 千米，立下了另一面旗帜、支起了一个多余的帐篷，并在里面留下了几封信。一封写给挪威国王，一封写给英国冒险队的领队罗伯特·福尔肯·斯科特，当时他仍在前往南极的路上。随后他们便拍摄了那一组如今极为著名的影像。为纪念这次驯服南极的勇敢尝试，他们将这一顶帐篷命名为 "Polheim"（挪威语，意为 "极地之家"）。他们还进行了多次的观测，最终他们虽然没有定位到准确的极点，但以他们当时手中的设备，这已经是能期望达到的最近距离了。为了定位，冒险者们再次被派出，向真正的极点再前进那么几米。

一个月后，当斯科特的小队抵达时，他们面对的情况完全不同：他们原以为应是一片荒芜之地，实际已经有了人类活动的痕迹。在执行他们自己的测量方式时，他们发现了一块挪威人留下的、高高耸立的雪橇板，并认为这就是他们找到的南极点位置。用斯科特的话说，那群挪威人 "确保了他们标志的有效性"。最终，两支探险队都以客观的精度定位到了南极点的所在，为此也都做出了不小的努力。极点毕竟没有那么好找。

如今，一百多年过去了，南极点仍在原地伫立不动，而人类首次与这"一切地方的终点"会面所留下的印记却因为冰川运动与积雪而被移动、被掩埋了。阿蒙森小队留在"极地之家"的人造物——帐篷、信件、旗帜，还有遗留的装备和衣物——现在已经深藏在 17 米厚的冰层下方。有趣的是，根据科学计算，阿蒙森的帐篷（大约位于南极点两千米外）偏移之后的位置，可能比挪威人当年立下它的位置更接近他们的目的地。

南极大陆上的冰层始终处于运动之中，这意味着没有标志物能够长久地定位在南纬 90 度。如今仍在使用的标志物有两个。一个是经常出现在照片中的南极立柱：一根红白相间、好似发廊装饰的短圆柱上摆放着一颗闪

雕塑家在奥斯陆的弗立姆博物馆外制作了这些阿蒙森团队的青铜雕像，以纪念首次抵达南极点一百周年

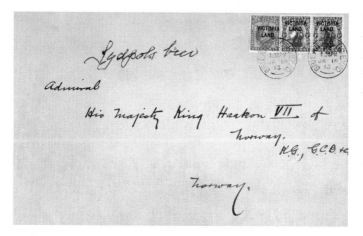

阿蒙森留在南极的信（左下）是写给挪威国王的，信封从斯科特一行人那里取回后，最终从英国寄出

索瓦尔德·尼尔森绘制的阿蒙森团队穿越南极附近地区的地图（1912 年 2 月 6 日）在探险叙事书《南极》中再现

烁、如镜面般光滑的球体，12 面旗帜呈半圆形包围在旁，代表着 1959 年签署《南极条约》的 12 个缔约国。不过它实际上距离地理意义上的南极还有着数百米的距离。另一个标志物相较而言没有那么固定。它是一根金属柱，标志着南纬 90 度对应的实际位置，旁边有一个标志，上面还放置有一个装饰性的圆盘。每年它都会随着冰层一

1911 年 12 月 14 日，威斯特、比阿兰德、汉森和阿蒙森（以及狗）在南极的合影

阿蒙森和汉森用六分仪来确定他们的位置。这张由比阿兰德签名的照片于 1961 年赠送给了南极居民

SOUTH POLE, DEC 14, 1911. - FROM THE ONLY SURVIVOR IN 1961, OLAV BJAALAND. (See backside)

5

英国杂志《环球》于 1911 年 12 月底为读者提供了斯科特路线的"全景图"

起移动近 10 米，所以每年的元旦都会举办一个仪式，并设置一个新的标志物作为替代（由南极科考站的人员精心设计）。这些短柱记录了往年对应极点的冰面位置，它们连成的线显示着南极冰面的移动。

一张著名的"自拍"：鲍尔斯用绳子控制相机拍下了这张斯科特在南极聚会的照片。从左到右为奥茨、鲍尔斯、斯科特、威尔逊、埃文斯

　　如同冰面的移动一样，大陆本身也在不断运动，不过这种运动的时间跨度要长得多。南极点并不是一直位于南极大陆，或者我们也可以反过来说，南极大陆并不一直位于南极点上方。大约 5 亿年以前，这块陆地可能还位于赤道附近，和澳洲、印度半岛、非洲和南美洲挤在一块儿，构成了冈瓦纳古陆。在这段漫长的历史中，南极点始终被海洋覆盖，不在陆地上。南极大陆始终在高南纬区域逡巡，但直到最近 3 500 万年，它才与澳洲大陆和南美洲大陆分离，移动到了极点附近，换上了如今的一袭冬装。

　　南极洲的分离使得南极与北极在物理上产生了极大的不同。在古希腊语中创造出的形容词"Ant-arktikos"，基本词义是"北的反义词"（在古希腊语中，"Arktos"一词可以表示牧夫座，一个处于北方的星座）。这种完全相

对的性质，在星象或地理方位意义之外，还有其他体现。南极点的下方有着超过 2 700 米厚的冰层，在那之下，还有一层基岩大地。整块大陆被一片庞大而连续的水体环绕，这就是南大洋。北极点则正相反，它位于北冰洋中心，被陆地环绕，下方仅有几米厚的海面冰壳。不过它们的物理性质也有相似之处。南北两极都极为寒冷，因为太阳照射到它们的角度很小，而白色的冰层还会反射一部分阳光。然而由于南极点位于内陆，海拔高度要高出很多，相较而言还要更冷。地球的自转轴线则导致了两极的极端昼夜分布：众所周知，南极的"白天"会持续半年，从九月的春分日，太阳从南极升起，一直持续到六个月后的三月秋分，太阳从南极落下为止。日与夜的跨度如此之长，以至于分隔两者的黄昏都可以持续数周。

2012 年地理南极点标志

地球的自旋运动也给"南极在哪里"这个问题引入了新的复杂因素。一个设置在南极点的标志有可能因为冰层迁移而运动，极点下方的大陆在遥远的将来也有可能会离它远去，但极点本身，即地球自转轴与表面的交点，它的位置在人们的直观感受中，似乎应当与星球本身相对固定。但这并不是事实。导致这一点的原因在于地球的形状。虽然我们喜欢把我们居住的星球想象成一个完美的球体，但它实际上要复杂得多。不仅顶部和底部稍稍有些扁，形成一个"扁球体"，还有些不对称。这种不对称，以及地球质量分布的周期性变化（比如空气和水的季节性分布，还有地幔流体的运动），造成了地球自转轴相对于自身表面的类螺旋式运动。这种运动不太会对阿蒙森或斯科特造成什么显著的影响，它造成的极点移动从不超出平均位置的几米。除这种类螺旋式运动外，极点还会进行一种缓慢而不规律的移动。这种移动来自地球质量分布的非周期性变化——水体的移动以及地球内部的变化。北极在过去的 100 年间，一直在蜿蜒向南，差不多沿着西经 70 度线朝加拿大的方向前进。而南极也沿着大概与北极正好相反的路径进行自己的移动。同样，如果把这种运动放在全球尺度下，也会显得微不足道。从 20 世纪开始，北极每年因此移动的距离也就0.1 米左右。

前文所说的一切对"南极在哪里"这一问题的回答，都建立在一个假设之上，那就是我们讨论的南极是同一个。我之前说的"南极"，实际上都是地理学南极（或者地质学南极）的简称，本书后续部分中，除非特别说明，也默认如此。但事实上，南极还有很多其他的定义方式，包括南磁极、地磁南极、南天极。令人困惑的是，这些术语表示的含义并不固定，根据上下文和行文目的的不同，都有可能发生变化。很多文献将地理学南极定义为地球旋转轴和自身表面的交汇点。但也有其他人会用其他方式来称呼这一对极点，比如"旋转极""转动极"，同时将"地理学极点"定义为地球坐标系意义上的极点，即经线交汇之处——南北纬 90 度所在点。这是由于所谓"旋转极"与地图学极点在全球尺度上的位置差别实在太小，在非学术性的讨论中，它们的差别几乎可以忽略不计。

　　如果你要寻找南极这一概念的发源，那可能就得往神话传说里找了，地球上可找不到。"极点"的英文"Pole"来自古希腊单词"polos（πόλος）"，表示枢纽或轴，而进一步追溯，这个单词又发源于更早的印欧语系词根，表示一种即将参与运动的状态。苏格拉底以前的古希腊人相信地球是一个平面，不过他们依然有一个北天极的概念。他们观察到夜空中的群星每晚似乎都会自东向西旋转一点，并据此想象出了一个不断旋转的半球面，群星就点缀其上，而"polos"这个单词，就被用来形容这一半球旋转中心的轴线，以及这一轴线的终点。当时的人们笃信的观点自然不会需要南极点或者地轴的概念。然而，当星穹开始被认为是一个完整球面，而不是一个半球后（如

智利耶普恩望远镜上空的星迹环绕着南天极

公元前 5 世纪的阿那克萨戈拉就开始持有此观点），除原有的北天极外，南天极的概念在理论上就拥有了存在的基础。再等到公元前 4 世纪，亚里士多德确立了"地球说"之后，一对地理意义上的极点就变得必要了，那时的极点，还是所谓的"星轴"与地球表面的焦点，和地球自转轴无关。亚里士多德的《论天》中就提到，在可见的北天极以外，还存在着一个不可见的南天极。而在他的《气象通典》中，这个不可见的极点拥有了一个地理意义上的描述，这可能是最早的关于地理学南极的文献记载了。后来的古希腊、古罗马思想家们如埃拉托斯特尼、西塞罗、老普林尼、斯特拉波以及托勒密都或直接或间接地对地理南极及北极进行了描述。到了中世纪，更多思想家建立了地球作为一个球面的假想模型，南极点的概念自然也包含在内。杰弗雷·乔叟的《论星盘》则包含了关于南极点概念的最早英文引述之一。

到了今天，天极仍是个有用的理论概念。将地球的旋转轴延伸至无穷远处，与一个假想球体相遇，遥远的恒星似乎就覆盖在这个球体上，旋转轴与这个球体的两个交点，就是天极。如果你站在任意一个地理极点，对应的天极应该就在你的头顶静止不动，而其余的星星似乎都在围绕着它旋转。然而，在较长的时间里，这个点相对于恒星的位置也会发生变化：地轴进动效应如同陀螺一样地摆动，导致南天极以近2.6万年为一个周期进行圆周运动。这种现象，与之前描述的其他极点运动不同，是由地球被压扁的球体形状和太阳系中其他天体的引力引起的。

目前，北天极位于小熊星座内。这个星座最亮的恒星，曾经被称为小熊座 α，现在被称为北极星。然而，它并不总是北极星，天极会在其2.6万年的周期中，不断向着不同的恒星运动。从古典时代晚期开始，北极星就极为接近北天极，足以充当航海家的信标，并且自那以后离北天极越来越近。它将在2100年到达最近点，在那之后，它与天极的距离将开始变大，最终，另一颗恒星将取代它的角色。南天极就没有北极星这种明亮的恒星来方便地定位它的大概方位。它只能凑合着使用一个昏暗的星座，即使在天气晴朗的时候也不容易看到南极星

（又称南极座 σ）。

最常与地理极点混淆的是地磁极，地球磁力线垂直于其表面的两点。一个罗盘指针如果可以自由地进行垂直运动，那么它应该在北磁极点竖直向下，而在南磁极点竖直向上；磁极相应地称为"浸极"。这对行星磁极最初是被假定来解释磁性材料的行为。早在 1 世纪，中国人就已经开始使用罗盘，并在 12 世纪时传入欧洲。对于罗盘上的磁石为什么总是自发地停留在南北方向上，有各种各样的猜测，比如在地理北极有巨大的磁石，或者罗盘受北极星的某种特殊属性吸引。13 世纪后期，一位被称为佩雷格里努斯（又称"漫游者"）（13 世纪法国学者、磁力学家，以首先完成证明磁力存在的实验而闻名——译者注）的法国学者第一次注意到磁石的极性，并猜测南北天极也有相似属性。

在这个阶段，星星指示的北方（后来被称为"真北"）和指南针指示的北方（"磁北"）被认为是相同的方位。事实上，在大多数地方，指南针的指针方向与地理北极的方向有明显的角度偏差，说明"真北"和"磁北"之间有相当大的距离，对于南极而言也是如此。然而，这种被称为"磁偏角"的现象在接下来的几个世纪里才被慢慢地认识到。地球有自己的磁场，地球本身实际就是一个巨大的磁体。这一概念是由伊丽莎白一世的医生威廉·吉尔伯特于 1600 年首次提出的。在吉尔伯特的模型中，地球的磁轴和旋转轴在同一直线上，因此磁极和地极也在同一个地方。吉尔伯特知道磁偏角现象，但他解释说，是大陆岩石的磁力导致了罗盘指针的局部偏差。仅仅几年后，他的想法被修改了，磁轴被偏转、从旋转轴分离，使磁极与地极间出现了一段可观的距离，不过其落点仍然在高纬度。然而，这个理论本质上是假设在行星中心有一个巨大的倾斜棒状磁铁（磁偶极子），并不能很好地解释观测结果。磁偏角的模式太复杂了，无法被这个简单的模型描述。

使问题更加复杂的是，人们开始意识到磁偏角、地理和磁极的相对位置，会随时间推移而发生变化。这表明磁极，就像佩雷格里努斯一样，是一个"漫游者"。科学家们继续提出解释：17世纪晚期的埃德蒙·哈雷（因彗星而闻名）假设存在四个磁极——一对在北方，另一对在南方。哈雷推测地球内部还包含着另一个球体：两个磁极是由地球的外层产生的，另外两个是由他假想的内部球体产生的。在哈雷的模型中，这两个球体以不同的速度旋转，这解释了指南针与"真北"的偏差随时间产生的变化。他认为，地球内部可能有一系列层层嵌套壳状结构。他甚至提出了这个星球内部有物种生存的可能性。

在接下来的3个世纪里，随着对磁力和地球内部结构的理解不断深入，越来越精确的理论也不断被提出。现在看来，那个倾斜的、位于地球中心的磁铁棒，是一个非常粗略的仿真模型。"地磁极"这个术语适用于南北两个磁极，即这个想象中的磁棒的磁力线垂直于地球表面的地方。然而，实际上，地球磁场是一个动态系统，有些部件的作用类似于大磁棒，有些则不然（偶极子和非偶极子）。地幔内熔融状态金属的运动是磁极漂移的原因之一，而在此之上，来自太阳的带电粒子还叠加了以一天为周期、大致椭圆形的运动。这些粒子同时也导致了极光效应（北极光和南极光）。但只有两个磁极（地球磁场垂直于地球表面的点）是这个复杂系统的综合效果。与地磁极不同的是，南北磁极并非直接相对，它们的移动速度也不相同。

对于 19 世纪的科学家和航海家来说，实际问题仍然存在：地球上的磁极在哪里？它们的经纬度坐标是多少？不出所料，北磁极首先得到了关注，寻找西北通道的英国海军探险队进行了详细的磁观测。1831 年，约翰·罗斯主导了一次探险行动，在这次行动中，由他的侄子带领的一支小队终于到达了这个地方。和阿蒙森一样，罗斯知道他并没有抵达北磁极理论上的精确位置，只是非常接近。他后来写道："如果舆论将北磁极这一神秘极点想象为一座可见的、有形的山峰，并认为这次航行在山巅上精准的那一点插上了一面旗帜，那他们可能要失望了。因为北磁极其实可以随心所欲地改变自己的位置。"他也不一定是第一个到达北磁极周边的人，因为他的观测是在当地发现的一座便利的被废弃的因纽特人的小屋里进行的。尽管如此，他还是对自己的科学成就感到高兴，而且不到十年，他又组织了一支南极考察队，希望到达南磁极。

这个任务在当时几乎是不可能完成的，因为罗斯在确定南极点的位置时发现，他的目标位于南极大陆内部，乘船根本无法到达。大约70年后，终于有人宣布成功抵达南极点时，其位置的准确性仍然存在问题，包括澳大利亚探险家、科学家道格拉斯·莫森在内的一个团队。他们认为自己在1909年上半年已经到达了南磁极，但多年后，在专家对他们的数据进行分析后，才发现从技术上讲，他们并没有到达。南磁极现在位于南极海岸外的海洋中，距离罗斯那个时代的位置大约1 400千米，距地理南极近2 900千米。目前它仍在每年往西北移动（向澳大利亚）10～15千米——速度和北磁极比起来要缓慢得多，北磁极朝着相近的方向（从加拿大向西伯利亚）每年移动60千米。

具有讽刺意味的是，从技术上讲，北磁极是地磁场的南极，而南磁极应该是地磁场的北极。历史上，磁体的北极是指向北方的一端；但是，由于两极相互吸引，北极的"南磁极"会拉动指南针的北端指向自己。然而，情况并非总是如此。如果把时间扩大到地质学尺度，地球地磁场的极性是会发生改变的，80万年前，南磁极确实是地磁场的南极。当这个"调转"的过程正在发生时（可能需要长达1万年的时间），地磁系统处于一种无序的状态，有时可能有不止一个南北磁极。在地球的地质历史上曾发生过许多这样的逆转。

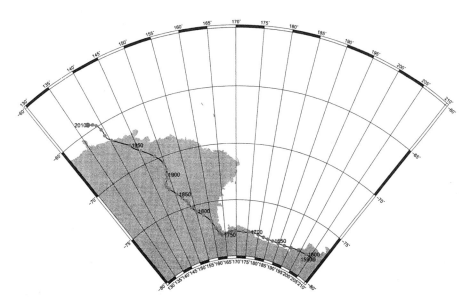

1590—2010 年，基于磁场模型的南磁极运动

至此，我们仍有另一个南极要考察，它的名字要比自然属性更能说明它的涵义。"难抵极"这个词，被用来形容在同类地区中最难到达的地方。在各个大陆上，一般认为这是离海岸最远的一点；而在海洋中，它是离周围陆地最远的地方。因此，南"难抵极"（有时也被称为"相对不可达处"或"最不可达处"），是南极洲平均离大陆海岸最远的地方。由于确定海岸线的位置本身并不总是那么简单，而且还取决于是否将冰架计算在内，出现多种对这一地点的定位也很正常。现在经常被人提及的是南纬 85 度、东经 65 度这一地点。地理上的南极并不像人们认为的那样位于大陆的中心，它甚至离大陆的中心很远。它位于南"难抵极"数百千米以外，不过后者的具体位置只是估计。

　　"冷极"是另一个用"极点"表示"极端"含义的术语。它指的是一个大陆上年平均温度最低的点，或者是单独记录温度最低的点。两种解释下最寒冷的极点都在南极洲：世界上有记录的最低气温为−89.2摄氏度，记载于俄罗斯沃斯托克湖基地；要论平均气温，还是冰穹A地区要略低一些，它也是南极洲上海拔最高的地区，大约高4 000米。这两个"冷极"都要比地理南极冷得多。

　　到这里，我们只剩下了最后一个南极概念——南极洲本身。任何拿起这本书的人都会想当然地认为它的主题是南极地区，广义上说整个南极大陆及其周边海域。"我写信是想问您是否愿意赏光参加我的南极探险。"这是莫森写给一位潜在的探险队成员的信，但这位澳大利亚探险家并不想去地理极点，事实上他还拒绝了来自斯科特的同样邀请。他计划（也确实做到了）把他的探险队设在南极洲东部海岸，几乎不在南极圈内，离斯科特的目的地相隔半个大陆。然而，在他的信里，莫森交替使用了"南极点"和"南极洲"来指代极点，如今很多人仍会这样使用。

　　我主要关注的是南极洲内部的那个奇怪的点。它象征着地球上最遥远的地方，同时它对于探险家、冒险家、科学家、游客而言也具有不可阻挡的吸引力。尽管在一个相对没有特色的冰原上进行一次昂贵且艰苦的旅行显得很荒谬，但它依然魅力不减。借用T.S.艾略特的话说，站在一个"旋转世界的静止点"，某种意义上是一件了不起的事。

2. 地图和传说

打开任何一本标准地图集，你看到的第一张世界地图，赤道地区肯定位于它的中心附近，而北极在顶部，南极在底部。赤道本身很少在地图的正中间，常常略微偏向页面的下半部分，所以北半球占据了较大的空间。如果地图上绘制了南极海岸，它通常会从框架的下端延伸出来。21世纪初，一位研究人员在乘坐澳大利亚航空公司的航班时惊讶地发现，飞机上的杂志提供的地图中有大量航空公司不了解的偏远地区（如北极群岛）的细节，却忽略了位于澳大利亚南部的那个大陆，而该公司的飞机经常在该地区上空飞行。在许多常见的地图投影中，南极（和北极）比其他地区变形得更严重。在墨卡托投影中，南极点变成了水平线，被以不符合现实的方式沿着地图的边界展开。这种情况下，南极点会受到双重打击，它在地图上不仅发生严重变形，位置还被安排在地图的最下方。

不过南极并不一直是倒霉的那一个。在《论天》中，亚里士多德称看不见的南天极"在上"（虽然在他的《气象学》中，上方的极点是北极）；早期的阿拉伯地图倾向于将南方作为顶点，而这一特点之后也对意大利的地图产生了影响。中世纪的地图大部分局限于世界上已知的部分，因此不包括南极洲所在的空间。它们通常把东面耶路撒冷所在地，放在顶部。不过其中有一些地图的顶部也是朝南的，包括最著名的由弗拉·马利诺完成的那幅。

然而，在文艺复兴时期，随着探险和贸易的发展，西方制图学开始蓬勃发展，造成主要影响的是托勒密的《地理学》。这是一本很晚才在欧洲被发现的、2世纪的专著，在书中，托勒密把北方放在地图的顶端。根据早期的假设，必须存在一个巨大的南半球大陆，来与已知的北方大陆形成平衡，为此他在地图上绘制了一个假设的巨大大陆，并称为"Terra Incognita"（拉丁语，译为"未知领域"），连接非洲和印度，从南边将印度洋围了起来。另一个影响深远的人物是5世纪的罗马哲学家马克罗比乌斯，他的"区域"或"气候"世界地图在许多中世纪手稿中被复制（其中的一些仍以南方为顶点）。基于几个世纪前希腊哲学家巴门尼德的理论，马克罗比乌斯将世界分为五个气候带。极北与极南各为寒带，赤道地区为热带，中间两区为温带。根据马克罗比乌斯的观点绘制的地图显示，一个巨大、寒冷的南部大陆被海洋与北部大陆隔开。

从15世纪到18世纪，欧洲地图上对南极地区的描述方式分为几种截然不同的传统观念：南方高纬度地区的海上航行积累而来的零碎信息，有时被合并，有时则被忽略。制图学中的一种猜测认为，位于极南处的仅仅只是一片简单的海洋；另一种观点则认为北极是一片冰海，附近有一个庞大岛屿；第三种学派提出，那里可能有一片围绕极地海洋的环状大陆；第四种学派，也是传承最久的一个，始终坚信托勒密的假设。在一些地图上，南部大陆的面积非常大，一直延伸到新几内亚。这一传统的一个早期例子是欧龙斯·费恩于 1531 年绘制的世界地图，它使用双心形投影来突出极地地区：这片名为"Terra Australis（拉丁语，译为'未知的南方大陆'）"的大陆（这是这个术语在地图上的第一次使用）被自信地（用拉丁语）形容为"近期已被发现但尚未全面了解的土地"。这片大陆从南极一直延伸到火地岛，当时麦哲伦刚刚发现它，它比今天已知的南极洲大 9 倍。

有些地图将这片巨大的南方大陆留白，或者把它充作额外的空间，用来添加与整个地图相关的文字和插图；而另一些地图则用假想的地形、植被、动物群和人类对这未知之地进行填充。一张 16 世纪晚期的弗拉芒极地投影地图在极点附近画了山和树。同一时期的另一位弗拉芒制图师（一位传教士）在南部高纬度地区绘制了一只蓝色的长颈鹿，而南极则被一种看起来像鳄鱼的动物占据。1530 年左右绘制的地图显示，一块环绕着南极的大陆，其海拔高于南极圈，上面有大量已命名的河流、岬角、城市和港口。有些地图在空旷的极点上标记了象征南风小天使的奥斯特。这个地方被命名为"Polus Antarcticus"（希腊语，译为"南极"）。

当然，并不只有欧洲地图中表现出了对南极的兴趣和猜测。古代印度史诗中有关于南北极的描述，6世纪印度天文学家阿利阿伯哈塔认为"南极被海洋环绕，而北极被陆地包围"。土耳其制图师皮里·雷斯在1513年绘制的著名地图于1929年被发现，这幅地图引发了人们的猜测，它准确地描绘了南极大陆在更早时候的轮廓，当时南极大陆还处于无冰状态。关于外星人或古代文明的解释（这两种都是20世纪南极神话的重要特征）不可避免地随之出现。制图历史学家格雷戈里·麦金托什给出了令人信服的论断，认为雷斯绘制的大陆只是对传统观念中南极的部分呈现，与南极大陆只有部分相似之处。

生活在遥远南方的原住民实际上可以看到古希腊人假设的天极，不过他们无法看到北方从古典时代晚期开始就可以在晚上观赏的明亮的北极星。虽然澳大利亚原住民在与欧洲人接触前可能还没有认识到极点本身，但澳大利亚中部的阿兰达和路里塔部落已经认识到，"南天极一定范围内的星星，永远不会落到地平线以下"。生活在南美洲最南部的人流传的神话故事，描述了一个永久冻结的南方地区。在南极探险史中经常会提到尤伊特·兰乔拉的拉罗汤加传说，其中描述了 7 世纪航海家尤伊特·兰乔拉向南航行，遇到了一个雾蒙蒙、到处是冰山的环境。他可能是在新西兰所处的纬度遇到了冰山，不过这一描述确实表明人们意识到了南方的冰冻地区。另一个口述传说讲述了波利尼西亚探险家塔玛雷蒂到南方去调查极光现象的故事。根据研究人员图里·马克法兰的说法，"在毛利世界，人们普遍认为，随着塔玛雷蒂的独木舟返回，我们对南极地区的物质性有了一定了解"。

欧洲的极地神话同样与海上传说交织在一起，这些传说大多来自北方，后来才被延伸到南方。16 世纪时瑞典作家奥劳斯·马格努斯建议水手用木质而非铁质的铆钉来建造他们的船只，这是基于托勒密思想的假设：北极点上有一座磁山（那时区分地理极点和磁极的理论还处于发展阶段）。3 个多世纪后，小说家儒勒·凡尔纳写了一篇关于南极的故事——《冰岛怪兽》，小说的高潮部分描写了在南极附近发现一块巨大磁性岩石的故事。毫无戒心的水手们被巨大的磁体和一个巨大的漩涡吸去。关于北极漩涡的传说可以追溯到 14 世纪的手稿《发明幸运岛》，其故事情节很可能取材于挪威神话。和磁山一样，北极漩涡可以在一些文艺复兴时期绘制的地图上找到。17 世纪早期的一位意大利制图师，可能是对柏拉图的观点进行了扩展，描绘了水从两极流向地球内部的场景。在同一世纪后期，著名学者阿塔纳修斯·基歇尔在他的《地下世界》一书中提出了一个理论，即地球就像一个人体，北极吸入水，水穿过地球，所有有用的东西都被提取出来后，剩下的废水排放到南极。

现在看来，当时有一种给两极打上壮观标志的迫切需要，无论是高山还是漩涡。尽管英国探险家詹姆斯·克拉克·罗斯在1831年到达北磁极附近时已经知道会看到什么，但这个地点如此不起眼，似乎有些令他惊讶："我们本希望如此重要的一个地方能有更多的标记或标识物。但没有一座山表明这里是一个引人入胜的地方，这一点令人惋惜但也无可厚非。对于磁极的任何浪漫或荒唐的想象我都可以理解：把它想象成一个像传说中的辛巴达山那样引人注目的神秘东西，想象成一座铁山，或者想象成一块像勃朗峰那样大的磁铁。但是大自然并没有在这里建立纪念碑来标记这个伟大且具有黑暗力量的中心之处。"

同样的故事也发生在南方。几个世纪以来，小说家们一直对在南极做标记有着极高的热情。他们也会用有关漩涡和巨大的磁石的传说来丰富它。最经典的是对漩涡传说的改编，讲述了一个极地洞可以通向地球内部。虽然关于地球是空的猜测由来已久，但这个想法真正得到普及（同时也变得声名狼藉），还与约翰·克利夫斯·西姆斯有关。

在从1818年开始的一系列小册子中，西姆斯发展并推广了他的可居住地球内部模型。这个模型代表的地球两极有很大的洞可供人们进入，每个洞洞口周围都有一圈冰。那么，他设想的南极就像南环大陆的一个复制品，不过在它的中心有一个巨大的洞。虽然大多数人对此持怀疑态度，但西姆斯还是有他的支持者。此外，这个想法为漩涡传说提供了新的动力，并提高了想象的可能性，这些可能性在接下来的几个世纪里被小说家们利用，其中最著名的是埃德加·爱伦·坡。

虽然很多关于极地的传说与两极同时有关，但把北方当作上方的思想不仅仅存在于地图上。古罗马诗人维吉尔在他的诗篇《农事诗》中描述天极时写道："一根天极总是高高在上，而另一根就在我们脚下深处，面对黑暗的冥河和死者的灵魂。"印度宇宙学对南极也有类似的负面印象。古代印度文献形成了一个圆盘状的宇宙模型，梅鲁火山位于其中心。如果这个模型被描绘在地球仪上，梅鲁火山就位于北极，南极地区被标为"Sumeruvadavānala"，其中"Sumeru"为"Meru（梅鲁）"的另一种形式，指从极点到极点穿透地球的轴，而"vadavānala"表示"从南极下面的洞穴中喷出的地下火"。基歇尔的地球模型，以北极为行星体的"嘴"，南极为相反的地方，用乔斯林·戈德温的话来说，把后者置于"最不体面的位置"。这位学者这样总结了对南北两极评价的两极分化：

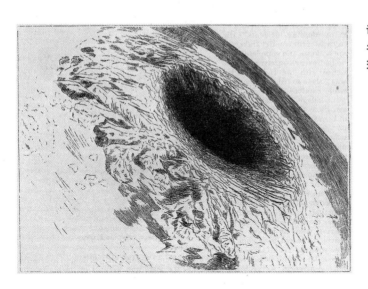

"围绕北极的神话往往是正面的，人们总是把北极想象成高贵的摇篮。相反，南极则是负面的。它让人想起有关阴郁和毁灭的故事，充斥着原始的恐怖。"

基歇尔把两极比作身体上的穴窍，而另一种传统则把它们看作通向自身心灵的门户。当代作家维多利亚·纳尔逊指出，"长期以来，人类有一种倾向，想要看到内在的内容———一种整体性的图像，以及对着更大的物理轮廓上进行自我反思"。两极成为"心灵的定位轨迹，但同样的，它们也是最不为人所知的，离意识最远的"，而南极则是两者中更远的那个。在这种叙事模式下，南极之旅就成了"从一个繁华的港口（意识）到未知的澳大利亚大陆（无意识）的典型海上旅行。在这一过程中发生的事，开启了自我整合抑或精神（和身体）毁灭的模式"。

约翰·卡朋特的经典南极电影《怪形》中的一个场景直观地表达了心理活动和南极之间的联系，以及这种联系中固有的疯狂属性。故事发生在美国一个偏远的内陆车站，一小群探险者在对抗一只外星生物时逐渐产生了偏执情绪。它以无害的雪橇犬形象混入了这个营地，将探险队成员一个个击倒，并假扮他们。无线电操作员温杜斯未能承受住这种无法确定谁是怪物的压力，开始疯狂地武装自己对抗其他人。最终，为了确定谁是人类、谁是外星人，他们设计了一个血液测试。作为第二个接受测试的人，温杜斯背靠着墙等待结果，用担心的、愤怒的眼神仰望上方。在他身后的墙上钉着一幅南极地图。地图的轮廓围绕着他的脑袋，意味着这片大陆就像那无形的怪物一样，以某种方式进入他的内心。

在加拿大艺术家菲利普·贝松的作品中，南极大陆和意识（或无意识）的结合得到了更积极的视觉表达。

《怪形》（1982）剧照。该电影由约翰·卡朋特导演

他在 2007 年跟随阿根廷国家项目前往南极洲。2008 年，他在布宜诺斯艾利斯展出了系列作品"世界的幻灭"，这是他装置作品《世界的奇异之光》的一部分，这些作品围绕着制图学和心理学之间的联系展开。其中一幅作品表现的是一个光头男子，他的脑袋上画着一幅南极投影地图；另一张照片表现的是这个男子的镜像，所以他的身体是模糊的，他的头顶绘制了北极地图。这可以理解为欧龙斯·费恩的"心形"世界地图的一个后现代版本。

不出所料，过去和现在的南极探险者都在讨论这一内心之旅。在各类回忆录和记叙文中最受欢迎、经常被引用的格言，是欧内斯特·沙克尔顿的表达："我们每个人心里都有一片属于自己的白色南极。"这句话很可能是虚构的。尽管如此，它还是得到了许多当代极地旅行者的响应。英国探险家雷纳夫·费恩斯断言："在我们所有人的心中，都有南极的影子。"挪威人埃尔林·卡格也表示同意："我穿越南极部分地区的旅行更像是一次自我旅行，而不是去极点本身……我认为每个人都应该找到自己的南极。"在托马斯·平钦的小说中，一位年长的帝国探险家意味深长地说："等着瞧吧。每个人都有一个南极。"带着"想要站在旋转木马的中心，哪怕只是片刻也好"的愿望，他在南极发现的不是自我的整合，而是一个梦想的破灭。

沙克尔顿在第一次探险日记《南极之心》中，认为极点的感性意义上甚至真实意义就体现在那片大陆的中心。他那个时代，人们已经在较高程度上接受了这样的观点：南极点上没有一片开放的海洋，不会有巨大的漩涡，也不会有磁山。它只是冰原上一个不起眼的点。各路传说不再专注于那里可能有什么神奇的东西，或者它可能有什么难以想象的东西，转而专注于实际抵达这一点的意义。这是地理大发现最终完成的象征性成就。极地是"最后的疆域"，是"地球的尽头"，是"地球上最后的地方"。虽然被罗阿尔·阿蒙森摘取了它"最后"的帽子，但它仍然是"最遥远""最孤立""最极端"的地方。在 20 世纪后期，随着环境保护意识的增强，南极洲成了"最后的荒野"。在电影和小说中，它是一个被摧毁的世界"最后的避难所"或是一个新世界"最后的希望"。

南极作为"最后的地方"的神话是如此普遍，以至于许多人会难以接受它只是一个神话，而不是字面上的事实。文化评论家埃琳娜·格莱斯伯格认为，依附于大陆和极地的观念更多与巧合有关，而不是地点的任何必要属性。地球上总有些地方不太适合居住、勘探较少、难以到达，比如某山脉、洞穴和海洋深处。然而，由于历史原因，南极作为地球上最后一个地方被赋予了超越其本质的光环，被认为是彻底补全人们对地球认知的地方。由于这种完全认知是不可能的，地理上的成就只会吸引更多人进行尝试、抵达，最后摆出成功的手势。这种"终结"概念的吸引力有一个明显的例子，就是许多

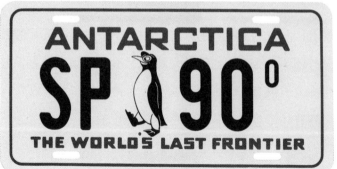

极地旅行者跟随著名探险家的足迹多次穿越极地。

在阿蒙森的团队计算出他们到达北极附近一个多世纪后，新的测绘和可视化技术不可避免地改变了人们对这片大陆及其象征中心的看法。现在在南极有一个网络摄像头，人们可以在浏览器上看到科考站各个部分的图像。然而，极点周围的区域只是一堆灰白色的像素。地理空间专家指出，目前还没有高分辨率的卫星飞越两极。这种卫星更倾向于追求赤道附近的图像精度，而在南纬82度左右开始产生低分辨率。从某种意义上说，我们如今又回到了本章开始时所说的那个时代，地图倾向于地球的中部，而将南极地区向地图底部推挤。在数字时代，南纬90度继续给传统制图带来困难。

在另一个角度，人类对南极的描述也保持不变：它仍然位于地球的"底部"。最著名的太空照片之一是《地出》，这是1968年"阿波罗8号"宇航员拍摄的几张类似照片之一。然而，提供最佳图像的原始彩色照片有一个问题。宇航员是在他看到它的时候拍摄的，当时月球

安迪·史密斯为《寻找南极》（2011）一书的尾页创作的图像《极地天空》，融合了探险家、科学家和旅行者用来描述南极的词语

表面在垂直平面上，这意味着它在地球上的阴影也大致是垂直的。要使照片更像是"月出景象"，它必须旋转角度，令月球表面水平，但这又让地球自己过于靠边。1972年末，另一张由"阿波罗17号"宇航员从太空拍摄的照片开始流传。在地球升起时，地球的一半在月亮的阴影下，而这一次则显示了整个被阳光照射的地球的一面，非洲和阿拉伯半岛在地球的上部，在旋转的云层下，可以清晰地看见南极洲。此外，它是在地轴垂直的情况下拍摄的。由于画面中没有参考物，我们可以任意旋转这张照片。这张被称为《蓝色弹珠》的照片可能比《地出》更具有代表性。相较而言，这张照片要更接近人们从地图中认识的地球，从未有过任何一张照片能像这样令人体会到地球是如此重要、如此规则、如此令人愉悦。

3. 极地幻想

> "现在，我，尼摩船长，在1868年3月21日，到达南纬90度的南极，占领了这片相当于地球已知大陆六分之一面积的土地。"
>
> "以谁的名义，船长？"
>
> "以我自己的名义，先生！"

第一个对南极这样宣称的文学人物竟然以"尼摩"为名，这既具有讽刺意味，又十分恰当。这一词在拉丁语中的含义是"没有谁"。在儒勒·凡尔纳的《海底两万里》中，神秘而又厌世的潜艇船长通常会避免踏上陆地，唯一的例外是他在地理极点发现的一个小岛，因为它还未被人类足迹影响。作为一名颠覆者，他拒绝将这片土地归为任何一个国家，而是在秋分日太阳落到地平线以下的时刻，将他自己的黑底绣有金色字母"N"的旗帜插在这片土地。

虽然尼摩可能是第一个声称拥有南极的虚构人物，但他并不是第一个到达南极的角色。很难说清这一荣誉应该归于谁。在但丁的《神曲》第一部分《炼狱篇》中，古希腊神话英雄尤利西斯在地狱之旅的最后一程向着另一极点，直指星辰，航行而去。在他的船在沉没前，他看到了一座巨山，比他见过所有山都要高。文学作品中的众多旅行者角色都在南极遭遇过神话般的大漩涡阻挠，但丁笔下的旋风也是它的一种变体。18 世纪早期法国一部佚名小说《从北极到南极的旅行记录》的主角发现他的船在北极被吸进了一个巨大的漩涡，它沿着可怕的急流冲了过去，最后从地球的另一端——平静的、有雾的海中冒出来。在南极洲区域，水手们遇到了像牛一样大的飞鱼，还有昭示着智慧生命存在的痕迹。

儒勒·凡尔纳《海底两万里》中的插图

约瑟夫·霍尔的《改变与同义》发生在一块从赤道一直延伸到南极的大陆。莫洛尼亚最南部的人生活在一个几乎永远黑暗的、寒冷的土地上，他们更喜欢待在室内，想着自己可能会做什么或可能会成为什么。该地区的其他居民则更奇特（如食人野人、女巫与狼人）。

越来越多从探险中获得的证据表明，南极大陆对各种生命产生威胁，然而这并没有对下一世纪的相关小说产生明显影响。小说家们拒绝放弃"南极有人定居"这样一个极易产生想象的想法，他们的作品经常以冰障包围的温带甚至是热带的土地，或者岛屿星罗棋布的大海来取代现实世界中的南极大陆。即使是像凡尔纳这样对事实细节十分谨慎的小说家，在《冰岛怪兽》中，也描写了一群被孤立的水手在南极的一座冰山上的故事。随着科学和地理知识的发展，关于极地环境适宜居住的推测有了一定的可信度。1841年，当詹姆斯·克拉克·罗斯在考察中发现了浓烟滚滚的厄瑞波斯火山（该地区为数不多的活火山之一）时，地热的可能性就此被提出。人们对"地球是被压扁的球体"的理解（意味着两极相对接近地球的核心），同样证实了高纬度地区可能存在不寻常的地下热源，同时也激发了对无冰、温带（甚至是热带）极地环境的幻想。关于"迷失种族"的故事在18世纪晚期的南极小说中占主导地位，并一直持续到20世纪。

因此，南极地区成为各种虚构人物的家园，例如，加布里埃尔·德·福瓦尼《已知的南方土地》中的人物、罗伯特·帕尔托克《彼得·威尔金斯的生平和冒险》中的飞人、詹姆斯·费尼莫尔·库珀《猴子》中聪明的猴子、埃德加·爱伦·坡《南塔克特的亚瑟·戈登·皮姆的故事》中阴险的黑箭部落等。另外，古希腊、古罗马以及16世纪英国人的后代也出现在了数本19世纪晚期创作的作品中，如尤金·比斯比的《冰的宝藏》、查理·罗明·戴克的《奇怪的发现》、爱德华·博韦的《世纪分离》（1894）。还有，朱利叶斯·沃格尔《纪元2000》中说毛利语的"南极因纽特人"，约翰·泰恩《最伟大的冒险》中的恐龙，爱迪生·马歇尔《失落的土地》中的尼安德特人和克鲁马努人，丹尼斯·惠特利《错过战争的人》中的小精灵和恶魔，M.E.莫里斯《冰人》中年迈的德国军人，以及马修·赖利《冰站》中的巨型放射性象海豹。

引人遐想的还有有利可图的商业前景。当遥远的南大洋和南极岛屿资源——鲸鱼和海豹——被大量开发时，产生了诸如詹姆斯·费尼莫尔·库珀的《海狮》等文学作品。没有人知道极地周边地区可能提供什么。丹尼尔·笛福在虚构的旅行故事《环游世界的新航程》中假设："如果在两极正下方的任意陆地，无论是南方还是北方，都能找到比世界上迄今为止发现的任何陆地都要多两倍以上的黄金。"但是，他仍然持怀疑态度，一部分原因是缺乏证据，另一部分原因是没有人能到达那个被"雪山和永不解冻的海洋"包围的地方。然而，诱惑依然存在。在克里斯托弗·斯波茨伍德19世纪晚期的乌托邦小说《威尔·罗杰斯南极之旅》中，温和的极地本科洛地区蕴藏着丰富的矿产资源，罗杰斯高兴地把他的南极朋友送给他的5磅黄金装进了口袋。乔治·麦基弗《纽鲁米亚》一书的主人公轻而易举地在南极挖出了一大块金子。他预言，如果其他大陆知道纽鲁米亚的黄金如此

丰富，那么将会有数百万的人
冒着曝尸冰原的风险涌向这一
地区。到 20 世纪中期，焦点
只发生了轻微变化（几个国家
都在盯着南极）。W.E. 约翰斯
《比格斯打破沉默》中的飞行侦
探英雄说："这没什么好奇怪
的……没有人知道那块土地上
可能有什么……"

" Where's that gold ? "   See page 150.

W.E. 约 翰 斯《比 格
斯打破沉默》的插图

比格斯在这里将南极等同
于南极大陆，而不是南纬 90
度。虽然地理极点本身可能具
有地理、科学和心理上的意义，
但它几乎没有明显的商业价值。
这里找不到海豹或鲸鱼，任何
矿物都在数千米厚的冰层下，比其他地方更难开采。当
维克多·阿普尔顿《汤姆·斯威夫特和他的飞艇》中的
主人公决定去"南极"开采铁矿时，他在南极横贯山脉
附近的某个地方发射了他的飞艇。尽管南极小说在 20 世
纪后期从冒险小说和灭绝浪漫小说转向了生态、科技和
惊悚小说，但这些小说描写的地点通常也是南极大陆相
对容易到达的地方，而不是南极点。

对于许多有创造力的作家来说，南极只是一个普通
的空白空间，他们可以在那里进行叙述，而南极点则是最

具异国情调的地方。《泰山》《哈迪男孩》《神秘博士》等一系列冒险故事中的虚构英雄，都不可避免地会在某个阶段到访，并将其添加到他们众多遥远的目的地中。在西方地理学的想象中，北冰洋位于地球的顶部，而南极洲则位于底部，南极在最低点，不可避免地引起一种"颠倒"的感觉。这就是吸引早期乌托邦主义者和讽刺作家来到南方大地的原因。雷茨夫·德·拉布雷顿的《飞人探索南极》，以高纬度的陆地为特色，在那里一切都是上下前后颠倒的。詹姆斯·费尼莫尔·库珀笔下的智慧猴子（或者叫"猴人"）的大脑长在尾巴上。加拿大小说家詹姆斯·德·米尔的《在一个铜缸里发现的奇怪手稿》讲述了南极洲被一群反人类者占领的故事，他们崇拜黑暗，病态地自我否定。在俄罗斯作家瓦列里·勃留索夫的短篇小说《南十字星共和国》中，这一观点在逻辑上发挥到了极致。共和国首都兹维兹德尼位于南极点，这里的公民深受"矛盾之病"的困扰，这使他们的行为与他们的意图完全相反：人们向左而不是向右，这座城市陷入了混乱。

《汤姆·斯威夫特和他的飞艇》封面

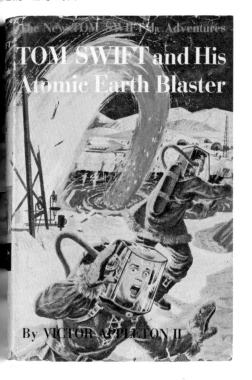

The New TOM SWIFT Jr. Adventures

TOM SWIFT and His Atomic Earth Blaster

By VICTOR APPLETON II

　　如果对于一些小说家来说，南极标志着一个颠倒的世界，那么对于另一些人来说，它意味着一个由内而外的世界。约翰·克利夫斯·西姆斯声称，地球是空心的，通过两极冰边的大洞进入可居住的内部。这是小说家们无法忽视的可能性。这一理论的第一次小说化出现在西姆斯分发的《西姆佐尼亚》，书中亚当·西伯恩哀叹地球表面缺少空白。带着西姆斯的作品，他向南走去。在穿越南极洞后，他的探险队发现了一个乌托邦居民。这本书的真正的作者从未公开，一些评论家认为这部小说是由西姆斯自己写的，以推广他的理论，而另一些人则认为这部小说讽刺了他的思想。

　　西伯恩的船在极地洞中平稳航行，船员们几乎没有注意到从外部到内部的转变，似乎与中世纪水手们担心的传说中的漩涡相距甚远。但是，当埃德加·爱伦·坡在西姆斯的提议和美国第一次对南方地区进行正式探险的间隙期写下这篇小说时，他提出，极地漩涡带着它所有的恐怖卷土重来。他《瓶中手稿》的叙述者发现自己在一艘看似超自然的船上（经历了一系列海上事故），被一股"强烈的洋流或者暗潮"吸向了南极。故事突然结束，叙述者跌入一个巨大的漩涡（大概是在最后时刻保持冷静，把自己的叙述塞进瓶子里）。爱伦·坡的小说《南塔克特的亚瑟·戈登·皮姆的故事》里的主角以同样戏剧性的方式结束了他多事且痛苦的南极之旅。他的船冲向大瀑布，他面对着一个神秘的、巨大的、完全白色的人形。对于爱伦·坡来说，极地是一个同时拥有灾难和终极洞察力的地方。

极地漩涡的概念在某种意义上抹去了极地本身的意义，它不再是地球表面上的一个地方，而是一个空洞的中点，虚无的中心。然而这个想法给了南极一个定义：它不是无特征的雪景里的一个点，而是一个引人注目的拥有自然特征的地方。此外，漩涡将极点从一个终点转变为一条路径：它不是旅程的终点，而是通往新空间的关键——通往另一个内部世界的大门。各种各样的大门在南极小说中反复出现，作家们经常在世界最南端描绘出奇特的地形。在小说《猴子》中，极点就像一大阀门可以控制从地球内部释放的蒸汽。托马斯·厄斯金的乌托邦式讽刺小说《阿玛塔》以一个通过位于南极的水道（这使得两个星球像双球链弹一样连接在一起）与地球相连的姐妹星球为背景。后来的作家将这个想法扩展到了星际层面。在古斯塔夫斯·波普的《火星旅程》中，被困的探险家被火星来客解救，他们利用地球与火星的极点之间的宇宙磁流进行往来。

正如这些例子所表明的，阿蒙森和他的团队在1911年下半年到达南极之前，所有关于这个地方的文学作品都不可避免地是推测出来的。对南极大陆的真实描绘必然停留在海岸线上。塞缪尔·泰勒·柯勒律治的《古舟子咏》从遥远的北方和南方的旅行故事中收集了信息，不过并未越过海冰。库珀将他的乌托邦式讽刺小说《猴子》设定在南极附近的虚构土地上。但他的第二部更现实的南极小说《海狮》则将故事发生地设定在极地圈附近的一座未指明的岛屿上。

　　然而，那些避开了飞行的人、失落的部落、极地漩涡和火星路线的奇幻小说家们，不得不在一个没有多少传统素材的环境中创作戏剧。儿童文学小说家 W.H.G. 金斯顿在《在南极》中让他的捕鲸队经历了南极可怕的寒冷冬天，遭遇了火山爆发，险些撞上冰山，但为了使叙述维持下去，他还添加了狼、超大的海象和巨大的北极熊等元素，将遥远的北方威胁转移到不为人知的南方。当外来的元素作为叙事的一部分被带到那里：戈登·斯塔布尔斯在《在伟大的白色土地上》中提到了北极原住游牧民、牦牛、四只被训练拉雪橇的小北极熊、两只圣伯纳犬、一只苏格兰牧羊犬，还有几匹设得兰矮种马。但他的南极之旅因一片覆盖该地区的冰冻海洋而受阻。

　　就在同一年，许多英国男孩对斯塔布斯小说中提到的冒险感兴趣，极地探险家罗伯特·福尔肯·斯科特领导了第一次认真的南极探险。在接下来的 20 年里，许多人试图在没有机械辅助的情况下穿越冰层，使用人或狗的力量覆盖大片冰层，试图了解南部大陆。这一时代被

W.H.G.金斯顿《在南极》中人们被熊袭击的插图

称为南极探险的"英雄时代"。它吸引了冒险小说家们的目光，因为南极探险的现实产生了非虚构叙事，可以与创造性作家创作的任何作品相媲美。

4．寻访极点

在 20 世纪初的一部小说中，一位名叫安东尼·戴克的南极探险家概述了他的野心：

> "他继续用他那震撼人心的低语谈论南极……戴克的意思是，一直以来都想夺取南极，其他所有的任务都只是打发或浪费时间。他已经把它标记为自己的。他谈到南极时，就好像它是某种危险而又胆小的动物，他在它身边绕的圈子越来越小，直到它头晕蹲下，再也无法逃离追捕者。当戴克不再绕圈子而冲进去时，它必须落入他的手。"

这个比喻把探险家比作猎人，南极是他的猎物。从一个角度来看是荒谬的，看不见的、静止的极点哪里像危险的、蹲着的动物？然而，从另一个角度来看，比喻非常贴切，唤醒了充满探险精神的文化，早期进入大陆的旅行不可避免地嵌入其中。到达南极不仅是一种追求，也是一种征服。罗阿尔·阿蒙森（他的航行叙述是戴克虚构冒险小说的事实来源）在描述南极探险时借鉴了骑士精神而不是这种狩猎性的语言，但其构建的凶猛形象却类同。

他写到，如果幸运之神眷顾他们的话，他们就能击中南极怪物的心脏。当然，阿蒙森本人给出了最后一击。

像大多数探险叙事一样，阿蒙森的《南极》提供了早期探索南极地区的一段简史——南极谱系。他将其分为两个阶段。第一阶段包括那些对该地区可能产生的结果只有模糊概念的航海家，包括巴托洛梅乌·迪亚斯、瓦斯科·达伽马、费迪南·麦哲伦、弗朗西斯·德雷克、埃德蒙·哈雷和让·巴蒂斯特·夏尔·布韦。下一组人，即正确意义上的南极旅行者，这些人目的性更强，他们的目标是"怪物的心脏"。第二阶段以阿蒙森自己的胜利之旅结束，这是他书中的主题。

在《决心与冒险》中，库克负责调查让·巴蒂斯

霍巴特海洋和南极研究所外的阿蒙森铜像。最初的石膏作品是由美国雕塑家维克多·刘易斯于 1921 年创作的。这个铸件由挪威航海家艾纳·斯维尔·佩德森于 1988 年带到塔斯马尼亚

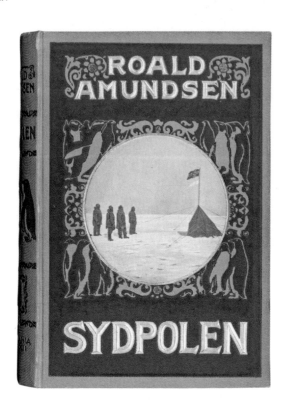

特·夏尔·布韦于 1739 年在南纬 54 度看到的陆地。这位法国人认为他发现的一个"海角"可能是南方大陆的一部分。如果事实证明是这样，库克将进行调查并与当地人交好；如果不是这样，他应该继续向南走，仍然寻找大陆，尽可能往更高纬度行走。

由于无法找到让·巴蒂斯特·夏尔·布韦的海角，并认为它只是一座大冰山（后来发现它是一个孤立的小岛），库克继续向南前进，于 1773 年初首次穿越了极圈。接下来，他第一次环游了大陆，在 1774 年初他的航线下降到了南纬 71 度附近。在这他遇到了许多冰山，它们看起来像山脊，一座比一座高，直到它们消失在云层中。他自信地面对探索南极的艰苦。

"在这块冰后面一定有一些陆地。不过如果有，它也不能为鸟类或其他动物提供比冰本身更好的条件，因为它一定被冰完全覆盖了。我有信心，不仅要走得比别人更远，而且要走到别人没有走到的地方，遇到各种干扰，我并不气馁。"

在接下来的几十年里，频繁冒险进入南半球高纬度地区的是猎取海豹的水手，在这个竞争激烈的行业中，这些水手并不热衷于宣传他们的发现，结果很难确定第一次看到海豹和登陆大陆上的时间。俄罗斯探险家塔德乌斯·冯·贝林斯豪森在 1820 年 1 月下旬的发现被认为是最早的，但这是有争议的。1821 年 2 月由约翰·戴维斯领导的美国海豹探险队通常被认为是首次登陆大陆的探险队。水手詹姆斯·威德尔在 1823 年穿越了库克的"最南端"，折返并不是因为障碍，而是因为"季节的迟到"，以及对回家之旅危险性的了解。他推测，南极有可能被水覆盖，因此可以从海上到达。海豹学家的这些成果显然增加了对南极的了解，但这群航海人员并不专注于极点本身，或者说他们只专注于极点可能藏有更多没有戒心的海豹。

19 世纪 30 年代末，法国、美国和英国分别向南派遣了三支海军探险队，其主要动力是寻找极点，而不是捕猎海豹。率领法国探险队的杜蒙·迪维尔被要求在南极冰层允许的范围内，将他的探索延伸到南极。如果探险队向南 75 度，他的船员每人可获得 100 法郎的奖金。查尔斯·威尔克斯领导的美国探险队奉命"尽可能地接近威德尔的轨迹，努力到达南部高纬度地区"。虽然这两支探险队都没有达到威德尔的纪录，但他们在地图上绘制了南极海岸的重要区域。两支探险队还对南磁极的位置进行了估计（尽管不准确）。英国南极探险队队长詹姆斯·克拉克·罗斯被要求更密切地关注磁极，那是德国数学家卡尔·弗里德里希·高斯最新预测的位置。在建立磁力观测站并在不同地点进行测量后，他将直接向南前进，以确定磁极位置，如果可能的话，争取达到那里。

这是不可能的，至少在船上是不可能的。罗斯在到达南极区之前并不知道，此时的磁极位于内陆，他的船只无法接近它。然而，罗斯等人并没有失望而归。他们改进了威德尔（在不同的

《杜蒙·迪维尔极地探险》故事的宣传页

经度下）的最远南行，发现了现在被称为罗斯海的地方，遇到了新的海岸线（维多利亚地），沿着"维多利亚屏障"（现在的罗斯陆缘冰）的壮观冰崖航行，看到了两座火山。这两座火山所在的地区（现在称为罗斯岛）成为后来英国人尝试探索地理极点的出发点，而罗斯陆缘冰则是阿蒙森成功进行南极旅行的基地。

罗斯在《发现之旅》中的插图。有几只帝企鹅被捕获并被带到船上，在那里它们被杀死，并保存在箱子里，以便进一步研究

Catching the Great Penguins. Page 159.

Sketched by Dr. Hooker.

在接下来的半个世纪里，人们对到达南磁极或地理南极的兴趣不大，尽管南极区的挑战者、海洋探险队维持科学调查。亚南极区的海豹活动继续进行，但规模大大缩小（原来的种群已被消灭），捕鲸者直到19世纪后期才经常冒险进入遥远的南方。捕鲸和捕海豹是为了支付挪威商人亨里克·约翰·布尔领导的下一次到达南极洲的探险队的费用。虽然商业结果令人失望，但探险家们至少于1894年在维多利亚大陆的阿代尔角踏上了南极大陆，这一事件常常被认为是第一次"正式"登陆。布尔的结论是，他们在阿代尔角度过了安全和愉快的一年，并有可能到达了南磁极。

随着1895年第六届国际地理大会将注意力重新集中到南极洲，在接下来的10年里，许多探险队向南进发，尽管并非所有的探险都能安全而归。卡斯滕·博克格雷温克是一位在挪威出生的澳大利亚移民，也是布尔探险队的登陆队员之一，也被闪亮的南极之门吸引。他接受了他前任领导的建议，于1899年冬天在阿代尔角负责英国南极探险队的工作。尽管10名越冬者中只有3名是真正的英国人但探险队算英国的，因为一位英国出版业巨头为其提供了4万英镑的资金。博克格雷温克声称，他已经确定了南磁极的位置。自罗斯访问以来，南磁极不可避免地发生了变化，他在内陆进行了一次短途旅行（约16千米），越过障碍，到达了新的最南端——南纬78度50分。不过他们不是第一支在南极过冬的探险队，因为"贝尔吉卡"号探险队的队员们前一年在冰封的船上度过了一个异常艰难的冬天。

1900年至1905年，苏格兰、法国、德国、瑞典和英国的探险队抵达南极，其中几个国家计划协作，在不同地区进行磁力测量。这些国家大多有自己的科学和地理研究目标，但只有英国位于一个可以对地理南极进行认真尝试的地区。苏格兰探险队的队长威廉·斯皮尔·布鲁斯说，他不是一个寻访极点的人，也不是一个为了比别人往北或往南多走一千米而催促队员坚持到底的人。

他的探险队在威德尔海进行了水文研究。

1901—1904年领导英国国家南极探险队（或"发现"号探险队）的罗伯特·福尔肯·斯科特最初也不是南极寻访者。从某种意义上说，他是一位偶然的探险家。在他的第一次探险叙述中，他承认在这次旅行之前，他对南极探险没有任何偏好。他极其平淡地跟人讲起他被选为领队的故事（作为一个年轻的海军军官，他给富有影响力的地理学家克莱门茨·马克汉留下了深刻印象）。随着探险队的地理和科学支持者之间的关系越来越紧张，在探险队的指示下，他谨慎地避开了到达地理南极点的想法，对他们的基地（罗斯岛）以南地区的探索仅被列为众多任务之一。然而，这隐含着一件令人意想不到的事。斯科特后来选择亲自带队向南推进，陪同他的是探险队的医生和动物学家爱德华·威尔逊以及三副欧内斯特·沙克尔顿（据说他的理想之一是踏上南极之旅）。威尔逊说，他们三个人下定决心将朝着南极走很远。

他们确实走了很远，往返行程将近1 600千米，但这包括他们在必要行程轨道上转运重物的路程。

1902年12月下旬，他们在折返前达到了创纪录的南纬82度以南，但他们的旅程充满了问题，雪橇犬也面临困难，它们的食物已经变质。最后，他们不得不开始杀死一些狗来喂养其他的狗。斯科特发现这个过程令人震惊，足以使他在今后对这种方法保持警惕。探险家们自己也开始患上坏血病，最后沙克尔顿只能在雪橇旁边行

49

走，或者坐在雪橇上由另外两个人拉着。他们向地球的某一极点迈进的步伐比雪橇队所取得的成就更大，但他们没有进入距离南极 800 千米的范围圈。

当探险队又过了一个冬天，它的船（队员们住的地方）被冻在冰里。沙克尔顿被一艘救援船接回了家。然而，南行的创伤显然没有使他放弃南极探险。到 1907 年，他已经为自己的探险队筹集了资金，并于当年乘坐一艘旧的捕海豹船"尼姆罗德"号向南航行。他的基地在罗伊斯角（也在罗斯岛上），沙克尔顿对南极实施了双管齐下的战略。由 50 岁的澳大利亚地质学家埃奇沃斯·戴维率领的一个三人小组翻山越岭，前往南磁极，而沙克尔顿和其他三人则专注于地理上的极点。

前往磁极的旅程充满了困难。大卫的领导风格与团队中的两位年轻人道格拉斯·莫森（大卫曾在大学教过

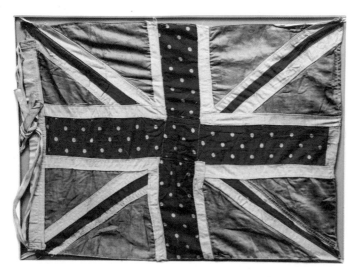

大卫、莫森和麦凯使用的临时旗帜来标记他们到达南磁极，或者至少在南磁极附近

他）和阿利斯泰尔·麦凯格格不入，而他的体力和体能不行也是问题。

他们有几次遇到了危险的裂谷，而且他们的口粮不足以应付这次旅行。然而，在 1909 年初，在他们离开基地三个多月后，他们接近了那个会转移的目标。大卫在后来的一篇报道中写道：

> "指南针表明极地中心每天都会围绕其平均位置运动。莫森认为，我们现在实际上已经到了磁极，如果我们再等上 24 小时……在这段时间里，磁极可能会垂直地来到我们的下方。然而，我们决定继续前进，到他得出结论的那个地点，即磁极的平均位置。"

按照沙克尔顿的指示，升起一面临时的旗帜。他们在航行中没有备用的旗帜，所以在出发前用一块红色圆点手帕和一些窗帘材料作了一面旗。他们用绳子拉动相机把手拍下了这一时刻，由于太过疲惫，没有力气进行任何欢呼，只能启程返回。回程时也遇到了一些困难。据莫森说，大卫似乎失去理智，麦凯鼓动他从大卫那里夺取领导权，但没有成功。两年后，人们发现他们接近了磁极的振荡区域，但没有进入磁极的振荡区域，然而，后人认为他们已经相当接近了。

当大卫的团队向一个极点跋涉时，沙克尔顿的团队

詹姆森·亚当斯、弗兰克·怀尔德和沙克尔顿到达了"最南边",在英国国旗旁边拍照。第四名队员埃里克·马歇尔拍摄了这张照片

却瞄准了另一个极点。沙克尔顿用小马而不是狗来拖运物资,带领他的队伍穿过障碍,沿着贝尔德莫尔冰川进入高原。随着旅程的继续,人们饱受饥饿和恶劣环境的折磨,很明显他们无法到达极点并活着返程。

在大卫、莫森和麦凯到达磁极前约一周,沙克尔顿决定离开地理极点,但在此之前,他向南方做了最后一次玩命冲刺,以确保队伍到达离目标 185 千米的地方。再往前走就意味着必死无疑。

1909 年 3 月,沙克尔顿未能抵达南极点,并不是沙克尔顿宣布失败的消息使阿蒙森决定南下,而是次年 9 月,弗雷德里克·库克和罗伯特·皮尔里声称已抵达北极的报道。

阿蒙森是一名极点寻访者,但最初吸引他的是世界的"顶端"(北极)而不是"底部"(南极)。阿蒙森曾说:

"北极周围的地区，嗯，是的，北极本身一直吸引着我。"当听说他不可能（当时看来）第一个到达北极时，他迅速决定向右转，改向南极。这位挪威探险家曾跟随"贝尔吉卡"号探险队去过南极。

阿蒙森也有丰富的北极探险经验，在 20 世纪初曾率领第一支探险队探索西北航道，在此期间，阿蒙森向因纽特人学习了很多知识。他正计划通过乘船从北极冰层漂流到达北极，并说服著名探险家弗里乔夫·南森为此提供"弗拉姆"号，这时他收到了惊人的消息——德里克·库克和罗伯特·皮尔里已抵达北极。在一个会引起相当大争议的举动中，阿蒙森没有宣布他突然改变了方向，甚至没有跟南森说。根据他自己的说法，为了防止媒体争论，他最初只把他的计划告诉了他的兄弟和"弗拉姆"号的船长。

大多数船员认为，他们将按原计划向南穿越大西洋，向东绕过合恩角，然后向北到北极，从这个地方开始，以便利用冰群漂移。但是，这艘船没有向东行驶，而是向西绕过好望角，在马德拉岛停了下来。在那里，惊讶但热心的船员被告知了新的目

阿蒙森，约 1913 年

标，并写信回挪威宣布这一变化。阿蒙森的兄弟莱昂在马德拉岛接应了这艘船，他得到指示回到挪威后，给斯科特发了一封电报。"请允许我通知你，'弗拉姆'号正在向南极航行。阿蒙森。"

"弗拉姆"号驶向鲸鱼湾，于 1910 年初抵达。阿蒙

这幅由弗兰克·南基韦尔创作的漫画出自《帕克》杂志，展示了北极离开"未被发现的行列"。南极则与"世界和平"和"伟大的小说"一起被抛在后面

森决定不在陆地上而是在漂浮的罗斯陆缘冰上建立他的基地——"弗拉姆海姆"，罗斯陆缘冰比罗斯岛离极点近约96千米。他计划在第二年春天开始南行。"如果我们出发去打破这个纪录，我们必须不惜一切代价先到那里。"然而，他们在1911年9月开始第一次尝试，还是太早了。极度寒冷的天气将这支八人队伍赶回了基地。他们在10月中旬再次尝试，这次只有五个人（阿蒙森、赫尔默·汉森、斯维尔·哈塞尔、奥斯卡·威斯特和奥拉夫·比阿兰德）参加。第二次尝试进展要好得多。由于所有的人都使用滑雪板，并由狗拉着补给品，因此他们前往南极的旅程虽然不可避免地会遇到裂谷和小事故，不过相对来说没有太多意外和危险。

12月14日下午，就在他们离开"弗拉姆海姆"不到两个月，阿蒙森的司机喊停了。他们仔细检查了他们的雪橇表，都显示了全程距离。"通过计算，我们的极点目标已经达到，旅程结束。"并非如此：正如前文所描述的那样，阿蒙森尽可能地接近南纬90度。在升起了旗帜，并搭起了帐篷之后，他进行了观察，并派出了滑雪者，以确保他们中的一个人接近准确位置。最终，在12月17日，他们确定了一个地点，并将其命名为"波尔海姆"。他们在这里搭起了备用帐篷，发现里面藏着他们探险队友缝制的祝贺信息——"欢迎来到南纬90度"。他们抽着雪茄，拍着照片，并在帐篷里给哈康国王留了一封信，同时给斯科特留了一张纸条，请他转达，以防他们在回程中遇到意外。

　　1912 年 1 月上旬，当阿蒙森的团队返回基地时，在鲸鱼湾等待他们的"弗拉姆"号意外地遇到了另一艘探险船——"开南丸"号，载着日本南极探险队，由陆军中尉白濑矗领导。白濑矗是另一位南极寻访者。与阿蒙森一样，在库克和皮尔里声称到达北极之前，他的注意力一直放在北极。起初，他未能引起人们对他南极探险的兴趣，但他最终筹集到了足够的资金来支持一支小型探险队，在一大群人的欢呼声中，探险队于 1910 年底出发，目的是在第二年夏天到达南极。然而，冰层阻碍了登陆，这些人在悉尼度过了冬天。当他们于 1911 年 11月继续前往南极时，他们突然意识到他们最初的目标现在是多余的，他们量力修改了计划，决定专注于进行尽可能多的科学探索。

　　他们经过爱德华七世半岛，并在罗斯陆缘冰上向南滑行了 290 多千米，使用了库页岛狗队，这比当时其他探险队都要快。他们最终到达纬度略高于 80 度的位置。

　　当"弗拉姆"号和"开南丸"号的船员们在惠灵顿湾互访时，斯科特的五人小组正拖着雪橇在南极高原上行走。1 月 18 日，他们在阿蒙森的帐篷里收到了这个消息——阿蒙森前几天在与预期截然不同的情况下到达了极点。他们突然意识到他们将是第二个而不是第一个到达南纬 90 度的团队，这是留在最初挪威营地的旗帜（它是远处的一个黑点）证明的。"这是多么失望，而且我替我忠诚的同伴们感到非常遗憾",斯科特记录道:"所有的梦想都破灭了,我们只能失望地返航。"

直到斯科特在前一年10月中旬读到阿蒙森的电报,当时他正在墨尔本前往南极洲的途中,他才预测他的团队在南极高原上是孤独的。他知道从挪威发来的消息可能带来的后果,在踏上南极之旅前,他就给妻子凯瑟琳写信。"如果阿蒙森到达极点,那一定是在我们之前,因为他一定会带着狗快速前进,而且肯定会提前出发。"尽管斯科特的第二次探险,像第一次一样,既有科学目标也有地理目标,但风险很大,因为他明确宣布的目标是到达极点。

斯科特对这次旅行采取了分层的方法,使用新技术的机动雪橇先遣支援小组于1911年10月带着物资出发,随后是包括人、狗和小马的第二组。然后,这些人将被缩减到一个由四人拖着雪橇走完通往极点的最后一段路程的小组。第二组在11月的第一天出发。他们计划从罗斯岛的埃文斯角出发,按照沙克尔顿开辟的路线,沿着贝尔德莫尔冰川走上高原,穿越屏障。

各种各样的问题,包括雪

克莱蒙斯·马卡姆爵士和凯瑟琳以及罗伯特·斯科特在"特拉若瓦"号上

橇和小马的问题，以及艰难前行的雪面影响着他们出征。到了1月初，他们已经在高原上，离极点不到280千米。斯科特在这时选择了他的最后一个团队，现在决定带四个而不是三个同伴：威尔逊（曾陪同他进行过早期南极徒步旅行）、爱德华·塔夫·埃文斯士官（"发现"号探险队的另一位老兵）、海军士兵亨利·鲍尔斯中尉（此前曾表现出对寒冷有非凡抵抗力的一位老兵），以及陆军上尉劳伦斯·蒂图斯·奥茨。1月4日，这支南极队伍独自向南行进。虽然跋涉中遇到了一些问题，但他们决定继续向前。他们有大约一个月的口粮，可供他们五个人前往南极并返回他们的库房。"这应该能让我们渡过难关。"不到两个星期，鲍尔斯看到了他们的旗帜。

"天啊！这是一个可怕的地方"，斯科特在他的日记中写道。这是他在极点的第一个"夜晚"（当然，在每年的这个时候，它是极昼）。第二天午餐时，计算出他们离

1912年的明信片印有斯科特船长前往南极的图像

英国巧克力公司的广告明信片，约1910年弗莱巧克力公司是特拉诺瓦探险队的众多商业赞助商之一

极点有 800 米或 1 200 米，他们挂起了旗帜，并拍了照片。第二天晚上，他们带着旗帜返回基地。斯科特的日记显示了当时的情况对他们打击很大。我不确定当我们

在"特拉诺瓦"号探险期间，奥茨和一些西伯利亚小马在马厩里

停下来扎营时，我们是否比在外行走时更冷。我担心回程会非常疲惫和单调。就是这样，而且远不止这些。当他们找到他们的食物仓库时，威尔逊、奥茨，特别是埃文斯正在遭受痛苦。早些时候，埃文斯在修补雪橇时手受了重伤，在他加入向南极行进的最后一队时才暴露出他的伤势。现在，他的伤势已经很重了，而一次裂谷造成的脑震荡使事情变得更糟。到了2月初，他们到达了高原边缘，他们中的大多数人很健康，但埃文斯的健康状况不乐观。据斯科特说，到了2月16日，埃文斯的脑子几乎不再运转；第二天，他变得神志不清，昏倒在地，失去了知觉，午夜时分在帐篷里去世。

极度寒冷的雪面使雪橇就像在沙子上拉动一样，很难前行。很快，奥茨开始挣扎，恶劣的条件使他腿上的旧伤复发。斯科特的日记显示，到3月初，他们在护理队友的同时，对熬过这段旅程失去了信心。3 月 16 日前后，奥茨走出了帐篷再也没回来。现在，只有斯科特在写日记，他意识到日记将替代他们讲述他们的故事。

> "奥茨前天晚上睡了一觉，希望自己不要醒来。但他在昨天早上醒来了。当时正刮着暴风雪。他说，他只是去外面，可能会有一些时间。他走了出去，此后我们再也没有见到他……我们知道，可怜的奥茨正在走向死亡，尽管我们试图劝阻他，但我们知道这是他的选择。"

现在极度缺乏食物和燃料，剩下的三个人又走了几天，到了离下一个仓库 17.5 千米的地方。他们非常虚弱，帐篷外不断有漂流物呼啸经过，他们在给家人和朋友写了告别信后去世了。七个多月后，这本日记和三人的尸体一起在帐篷里被他们伤心欲绝的朋友发现了。朋友压塌了帐篷，并盖在同伴的遗体上，就像一座墓一样。然后他们返回北方。直到第二年年初探险队回到新西兰，公众才听到这个消息。

虽然对南极的探索可能已于 1911 年 12 月 14 日结束，但对其探索的叙述并没有就此结束。与其说是阿蒙森的胜利，不如说是奔向南极的兴奋和悲剧，自那以后南极一直牵动着大众的心。它还引发了无休止的讨论。在英国媒体和公众开始不可避免地将他们的南极英雄神

新西兰克赖斯特彻
奇的罗伯特·福尔
肯·斯科特雕像

话化的过程中，人们也提出了一些问题。例如，斯科特
对探险队的组织，为什么他选择了四个人而不是三个人
陪伴他奔向南极，以及为什么他决定不使用狗来完成最
后一段路程。虽然阿蒙森前一年的成就得到了承认，但
人们在这里也提出了一些问题，特别是关于挪威人决定
对其计划保密的问题。

随着时间的推移，斯科特反复受到抨击和反驳，甚
至到了令人厌烦的程度。亨特福德的《斯科特和阿蒙森》
传记尤其具有影响力。在 20 世纪末，人们认为，这位领
导远不是英国媒体颂扬的英雄，他不称职，准备不足，

受阶级束缚，对动物的态度不一致，过于多愁善感，是个糟糕的总领队。批评者指出了他们认为探险家所犯的众多错误；支持者则试图反过来解释这些看法。新的分析阐明了有争议的观点。苏珊·所罗门在《最寒冷的三月》中，利用气象数据证实了斯科特返航期间南极高原上的天气，正如团队观察到的那样，异常恶劣。

有创意的作家也加入其中，他们是多视角的叙述者，这使得历史学家无法准确解释。挪威小说家卡雷·霍尔特的《竞赛》将两位总领队的故事交替编排在一起；在英国作家贝里尔·班布里奇的《生日男孩》里，只涉及斯科特的手下，其实极地探险队的每个成员都依次讲述了他们的故事。美国作家乌苏拉·K. 勒奎恩在 1982 年的《纽约客》上讲述了一个故事《苏尔》，改变了焦点，故事的叙述者声称自己是一支全女性南美探险队的成员，该探险队比斯科特领导的探险队或阿蒙森领导的探险队都要更早到达南极。

与此同时，斯科特日记在众多版本和重印本中出现，继续为自己说话。当它们在 1913 年首次出现在印刷品上时，就像大多数私人日记的出版一样，被编辑过，这一过程也成为争议的来源。然而，20 世纪 60 年代末出现了斯科特原始记录的传真，现在整个手写记录可以在图书馆以数字方式在线获取。

阿蒙森对南极旅行的描述看似安全和愉快，但也受到了质疑。有评论家指出，阿蒙森与经验丰富的北极探险家哈尔玛·约翰森闹翻了。

在第一次极点探险失败后，约翰森抱怨他的领队让他处于没有食物或帐篷的状态，还使同伴克里斯蒂安·普雷斯特鲁德冻伤，这非常危险。这两个人都没有被列入第二个南极小组。约翰森后来自杀了。其他人对狗的待遇提出了质疑。阿蒙森自己也承认，"这些动物过度劳累""艰苦的工作环境和不愿放弃的目标使我变得很残忍"。

虽然阿蒙森在"极点竞赛"中获得了胜利，但精神上是否胜利仍有待定夺。通过有选择地发表事实和新闻，将任何一位探险家描绘成英雄或恶棍都是很有可能的。最近阿蒙森传记的一位作者斯蒂芬·布恩提出了"将这两种生活脱钩"的请求，他认为所谓的"极点竞赛"是一种文学和历史层面的自欺欺人，一开始就由阿蒙森和他的兄弟莱昂设计，以产生宣传效果，而且近一个世纪一直由作者延续，其中斯科特和阿蒙森的故事总是被一起讲述。布恩指出，尽管阿蒙森后来还进行了多次北极探险，并成为国际知名的探险家，但后人对他的记忆主要是他在"极点竞赛"中的角色。斯科特的性格和成就的也同样因为大众消费而被平面化，变成了二维的。这一

一个有斯科特形象的"雪球"

过程被讽刺地体现在一件南极奇货上。一个在博物馆礼品店出售的"雪球"有斯科特的形象。

40多年后，人类再次站在了南极点，他们不是通过狗拉雪橇或人拉雪橇的方式到达的，而是乘坐飞机到达的。然而，在这段时间里，南极并没有完全保持平静。"英雄时代"的探险家们已经认识到该地区飞行的潜力，斯科特在"发现"号考察期间发射了一个气球，沙克尔顿从那里拍摄了照片，莫森为他的澳大拉西亚南极探险队购买了一架飞机但这几次尝试都不太顺利。20世纪20年代，其他探险家也纷纷接受挑战，另一场"奔向极点"的比赛开始了。

澳大利亚探险家休伯特·威尔金斯因其在北极和其他地方的航空探险而闻名，他从出版业巨头威廉·伦道夫·赫斯特那里获得了尝试南极飞行的资金。如果威尔金斯到达南极，赫斯特将提供10 000美元奖金。然而，威尔金斯的主要关注点是该大陆的另一个地方。1928年底，他和他的副驾驶本·艾尔森在南极进行了首次飞行。他们从南极半岛外的奇幻岛出发。不久之后，他们飞过格雷厄姆地，在折返前到达南纬71度以南。

美国海军军官理查德·伯德听说了赫斯特答应给威尔金斯奖金的事情后，担心这个澳大利亚人会抢走自己的风头。他对他的基金经理说，"你不要忘记，威尔金斯是在我们后面的"。在威尔金斯进行首次南极飞行前，伯德的探险队抵达罗斯陆缘冰，在冰上建立了一

个基地——"小美洲"。伯德是另一位极点寻访者。他因 1926 年飞越北极而闻名，尽管其真实性一直受到质疑。几天后，阿蒙森乘坐飞艇飞越了北极。因此，鉴于库克和皮里的说法被否定，他可能真的实现了儿时的梦想，成为第一个到达（或至少是飞越）该地的人。伯德回来后，人们询问他的下一个目标，他半开玩笑地回答，"南极"。

这一点说起来容易做起来难。在飞行中有一个挑战，伯德的飞机（一架福特三引擎飞机）需要穿越一座山脉，由于飞机飞行高度不够而不能越过它，因此不得不在冰川之间飞行。

飞机于 1929 年 11 月下旬起飞，载着一个四人小组，伯德本人作为导航员。为了通过这个山口，他们不得不

20世纪30年代初，帕克兄弟公司发行了这款以伯德第一次南极探险为题材的棋盘游戏

倾倒紧急食品袋，即使如此，他们也只飞了几千米。他们在凌晨时分飞过极点（当然，黑暗不是问题），扔下一面旗帜，沿着阿蒙森小队行进的路线返回基地，在出发后的 18 个小时到达目的地。探险队在 1929 年回到美国时受到了热烈欢迎，次年发行了一部关于这一成就的纪录片《南极探险》。

直到 1958 年初，埃德蒙·希拉里率领一支由三辆拖拉机组成的队伍从罗斯岛出发，才进一步尝试通过陆路到达南极。希拉里实际上并没有计划到达南极点。作为英联邦跨南极探险队的前头部分，他正在为英国地质学家和探险家维维安·福克斯领导的另一支队伍搭建仓库，该队伍乘坐动力车从威德尔海出发。

希拉里到达南纬 90 度，虽然是一个令人印象深刻的

英联邦跨南极探险队乘坐雪地车穿越裂谷

瑞典海报，由埃里克·罗曼制作，宣传伯德
的探险电影

成就，并得到了媒体的庆祝，但与阿蒙森的情况非常不
同。这位新西兰人获得了南极站的温暖和新鲜食物。空
旷的南极高原现在被预制房占据，这里是一个 18 人的社
区。南极点被一圈空的燃料桶包围。

5．在南极点安家

　　到达南极是这么一回事：花一两天时间确定地点，插上旗帜，庆祝你的到来，然后再回家。但是，当兴奋逐渐消失后，在那里生活意味着什么呢？"在南极生活将是我生命中的最高境界"，1956 年，病入膏肓的理查德·伯德这样评价他在约 30 年前飞过的地方。但是，日常生活的感受能与第一次到达时的感受相比吗？

　　金·斯坦利·鲁滨孙的近未来科幻小说《南极洲》讲述了一个以南极为背景的故事。它的中心人物是韦德·诺顿，华盛顿参议员的政治顾问。乘坐"大力神"号抵达南纬 90 度时，韦德得出结论："一旦最初的震撼和兴奋消失，南极并不是一个有很多事情可做的地方。"他一边在这些建筑物周围徘徊，一边想着：

　　　"所有这些都令人感觉非常有趣，但其实不是这样的。我只有一个想法，即南极的这些房子看起来有点奇怪。它们像是军事基地、机场休息室、实验室休息室和汽车旅馆的奇怪综合体，而且令我惊讶的是，生活非常无聊。无聊的方式与我迄今为止在南极洲的经历形成了强烈对比。"

然而，鲁滨孙的性格决定了他并没有住在南极。他是在为他的雇主收集信息时，发现当地人对这个地方的体验与他截然不同。

杰妮·尼尔森叙述她在南极站当医生的经历时写道，"如何迅速接受极点作为家的，这与极点的趣事有关"。那些在那里生活了几个月或几年的人知道，南极是一个独特的社区，有自己的亚文化、词汇、礼仪要点、社会等级制度、快乐和挫折。"南极人"放弃了使用外人的语言，而是用他们更熟悉的表达方式表达"在南极"或"去南极"。正如一位作家观察到的，极点是一个特定的地方，是人们生活和工作的领地；南极虽然不远，而且可以通过全球定位系统定位，它更像是一个概念，一个地球物理学的理想。南极社区的孤立性，还有生活在地球尽头的好处，让居民之间形成了紧密联系。一位专家说，"有一个参考点挺好的。南极是一个比麦克默多更友好、不拉帮结派、更有包容性的社区"。

1957 年，南极首次成为当地人的家园，当时有 18 个男人（科学家和海军人员）和一只年幼的狗在那里度过了一年中的大部分时间。在国际地球物理年（IGY）期间（从 1957 年年中开始为期 18 个月的协调行动）12 个国家在南极建立了 50 多个站点，包括美国在地理极点的一个站点。不出所料，它的建设带来了后勤和物理挑战。1956 年末，空军飞机通过降落伞将设备、燃料、木材和预制建筑投放给下面的海军建筑工人。事情并不总是按计划进行：降落伞失灵，飞机漏油，番茄汁溅得满地都是，一套《大英百科全书》坠入海中，再也看不到了。但在 1957 年 1 月下旬，该站已准备好在南极点安家，供18 名越冬者入住，他们将完成这项工作。在位于罗斯岛更大的美国站——麦克默多，举行了一个正式的开幕式（在南极的人员并不知道），有演讲、穿着整齐的海军陆战队队员以及艾森豪威尔总统和其他人的致辞。该站被正式命名为"阿蒙森-斯科特南极站"。

该站基础设施相对简单：建筑物是由铝和胶合板的模块板建造的。除三层玻璃的天窗外，没有其他窗户，冬天雪会覆盖建筑物直到屋檐。该建筑群包括车库、发电站和供水建筑。还有一个用于充气和发射气象气球的建筑、一个用于无线电和气象监测的棚（上面有一个用于雷达跟踪气球的圆顶）、天文观测台、摄影实验室、厕所、卧室、娱乐室，以及食堂。野外电话连接着各个区域，建筑物之间通过隧道进行物理连接，这些隧道也被用来储存燃料和用品，但没有暖气。科学领导人保罗·西普尔预测，冬天隧道里的温度会降到−50 摄氏度。他对隧道的效用感到担心："每次我们离开宿舍去吃饭、工作、洗漱、看电影时，我们都要从隧道头穿到隧道尾。"一些距离较远的独立建筑将在发生火灾的情况下提供紧急庇护和供应。

对于西普尔来说，他曾多次在南极洲过冬。最初是19岁的他参加了伯德的第一次探险，条件相对来说比较优越。西普尔曾说："南极的生活正在发生变化，有热水、温暖的厕所、淋浴间、洗衣机，甚至还有电灯。偶尔能与我们在美国的家人通电话，这很美妙。"他们还偶尔用收音机与名人（如迪安·马丁）交谈。在这个与世隔绝的极端环境中，烟草的短缺使人们在垃圾箱中翻找烟蒂；蛋糕不蓬松的问题被提交给明尼阿波利斯的蛋糕搅拌公司，该公司建议在高海拔地区进行调整；以及马桶圈的温度——4摄氏度，是一个相当大的挑战，直到医生找到一种方法（他只是在座位下面加了一个铰链式胶合板盖子，使其与冰上形成的污水坑隔绝）才打造出西普尔描述的"温暖的厕所"。这些人工作时间很长，但在周日休息，晚饭后会举行宗教仪式。在黑暗的冬天，娱乐活动包括听音乐、每周看几次电影、通过业余无线电聊天、参加定期讲座和偶尔玩玩猜谜游戏。

生活在南极的人在确定空间和时间时遇到了不寻常的困难。由于传统上用于定义时差的经线在南极汇聚在一起，因此可以选择任何时区。空间站工作人员喜欢这样的笑话：在极点周围走一个小圈，他们在技术上可以提前一天。西普尔最初选择将南极的时间设定为格林尼治时间，但为了便于无线电通信，最终决定采用麦克默多时间，而麦克默多又采用新西兰（海军飞往罗斯海的基地）所在的时区。方向又是另一个问题。在地理极点本身，无论你面向哪个方向，显然都是北方。他们通过在南极地图的顶部任意叠加一个标准的墨卡托投影来防止混淆，格林尼治是"北"，罗斯海地区是"南"。

南极最初是用一根有条纹的竹竿表示的，竹竿顶端有一个镜面玻璃球，支撑着一面旗帜，它矗立在车库的屋顶上。后来，当越冬者确定了极点的位置后，该点被旗帜标识，并被一圈空油桶包围。太阳出来后，一些人会对另一个南极标志——阿蒙森埋藏的帐篷，进行搜索，但往往以失败告终。

第一批越冬者在接近年底的时候离开了，因为另一批人搬了进来。该站并不打算作为一个永久性的站点，但它为这个小型的、不断更新的社区提供了近20年的住所。为了满足新的需求和处理不可避免地老化的建筑，进行了大量的补充和改善，但到20世纪60年代末，车站已被10米的积雪覆盖，亟需更换。科学基金会与美国海军合作，决定采用测地冰穹作为最佳设计。海军连续用了三个夏天建造了新站。通过一个隧道进入铝制的冰穹，里面包含三个双层的预制建筑。冰穹本身没有暖气，而且在冬季大多被雪覆盖，但它精心设计的防风墙，可以保护里面的建筑。这座新建筑只比以前多容纳了几个人，但提供了更宽敞的生活空间和更多的设施。后来，外面的小屋和帐篷成了额外的营地，还有一些用于医疗、科学研究的独立建筑，这些建筑通过隧道与冰穹连接。

冰穹站于 1975 年初开放，并在科学基金会而不是海军的支持下运作，冰穹站运作了 30 多年，逐渐被周围的雪侵占。多年来，随着科学和人员需求的变化，新的建筑和设备被添加进来。尼尔森描述了 1999 年时的冰穹情况：

冰穹站的入口处，
1981 年

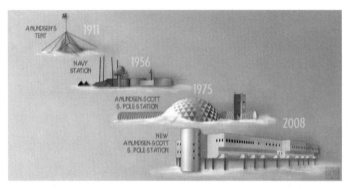

南极站的演变时间表

"入口右侧的厨房是第一个建筑。它就像海军舰艇的厨房，这并不奇怪，因为是海员们在 20 世纪 70 年代建造的。厨房和餐厅在下层，楼上是一个较小的用餐区，还有南极酒吧。酒吧里允许吸烟和饮酒，但是需要自带。可想而知，厨房和酒吧是南极站社交生活的焦点。

与厨房分开，可以从二楼的走道进入的是'保鲜棚'，这是一个被加热到家用冰箱冷藏室温度的建筑，用于储存蔬菜和其他不需冷冻的物品，如啤酒和苏打水。下一栋楼的底层是通信中心，还有图书馆、台球室、办公室；顶层设有南极商店。第三座（最大的预制结构）是计算机实验室、科学办公室，顶层是宿舍房间和桑拿房。在这栋建筑上还附加了一个泊位空间，以容纳更多人。屋顶上有一个水培温室（有人工照明）。"

电力是由燃烧航空燃料的柴油机驱动的发电机提供的。为了使冰穹内的建筑物保持（相对）温暖，由发动机加热的冷却剂通过管道进入，冷却后返回到发动机中。到了这个阶段，一种被称为"罗德韦尔"的装置被用来（现在仍然如此）在冰下深处制造水，这些水被抽到站内。由于融化冰层所需的能量（南极从不下雨），水的使用受到严格限制。南极人每周可以洗两次澡，每周可以洗一次衣服。所有的废物都被运到麦克默多，然后再运出南极洲，但人类的排泄物除外，这些排泄物通过金属走廊，在冰下形成一个冰冻的污水球，这个空间是由一个旧的"罗德韦尔"装置改造的。

和它的前身一样，冰穹站最终失去了它的作用。它周围堆积的雪造成了结构上的问题，而且它无法满足日益增长的住宿需求。第三个站的建设，所有材料由"大力士"飞机运来，于1997年获得批准，在十多年后完成。在同一时间，在麦克默多和南极之间修建并维护了一条道路——平滑的雪面，用冰填充的裂谷。这意味着燃料和物资可以通过牵引车从陆地运入。

新的空间站设计需要更好地处理困扰该地的问题，特别是因风而堆积在建筑物上的雪。解决方案是用一个位于铁塔上的高架建筑（形状像飞机的机翼）引导强风通过铁塔，尽可能地刮走堆积的雪。在未来，如果有必要，整个建筑可以被抬高到积雪之上。这个新的高架车

阿蒙森-斯科特南极站的废物容器，2013 年

站在夏季可以容纳 150 人，并满足住宿、娱乐和工作等需求，而不必冒着寒冷。与前两个站不同的是，这个站有窗户，使其居住者能够获得自然光，并观赏他们所居住的南极高原的景色。新站建成后，冰穹被拆除，其顶部被保存在加利福尼亚的一个博物馆里。而被掩埋的海军站，因为对冰面上的车辆有潜在的危险，也被拆除了。

新的南极站有了"南极酒店"的绰号，它捕捉到了人们日益奢华的需求。对于一些居住者来说，住在这里有一种现场的、非个人的感觉。视觉艺术家康妮·萨马拉斯在 2004 年随美国南极艺术家和作家项目访问了南极大陆，她观察到：

2010 年 1 月，美国南极项目人员在拆除的极地冰穹的最后一块面板前合影

"室内本身给人的感觉就如洛杉矶国际机场和南

加州的购物中心，其设计与《星际迷航》的场景设计相融合。设计和建筑材料，特别是睡眠区的设计，都是为了防止个人的触摸。与冰穹相比，阿蒙森-斯科特的泊位设计传达了这样的信息：一旦某个居住者离开这里，他或她的所有痕迹都将自动消失，只剩下建筑永恒存在。"

该站似乎是隐形轰炸机和酒店的结合体，它由价值数十亿美元的美国国防承包商雷神公司经营，并将餐饮服务（当萨马拉斯在那里的时候）外包给万豪公司。

在人类定居的 50 年里，南极的基础设施在不断发展，人类社区也在不断发展。第一批 18 名越冬者具有明显的同质性。西普尔回忆说，这些人来自欧洲。这些人中没有西班牙裔或非裔美国人，他们通过驾驭软弱的同

1969 年，女性首次抵达南极

伴来维持一种无情的强硬文化，而不去关注受伤和生病同伴的身体恢复情况。美国的政策将女性排除在麦克默多和南极站之外长达十多年。第一批女性在 1969 年到达南极的时候，六个人手拉手一起从飞机舷梯上走下来，这意味着没有人有优先权。她们都是研究人员，虽然她们非常短暂的访问被视为一种公共关系活动，但仍然具有象征意义。女性第一次在南极工作是在 1973 年，第一次在南极过冬发生在 1979 年。

到 21 世纪初，南极社区已经变得更加多样化。老南极人比尔·斯宾德勒的非官方网站专门介绍了这个地方的历史，详细介绍了越冬人员的构成变化，截至 2015 年，近 1 500 人在南极居住过，其中有 200 多人是女性。如今，冬季通常有大约 50 名居民，其中四分之一是女性，这并不罕见。第一个过冬的非美国公民是 1960 年的日本科学家，在接下来的几十年里，有超过 20 个不同国家的公民组成了过冬群体。越冬者的年龄范围也扩大了，包括 60 多岁和 70 多岁的人。

在过去的 50 年里，仍不可避免地存在着本土化的包容性和排他性的运作过程。派系的形成和不可避免的同伴压力会使这样一个小且孤立的社区的生活变得紧张，而对于那些不适应的人来说，唯一可以逃避的地方就是自己的内心。特别是在隆冬过后的这段时间，新奇感逐渐消失，但漫长且黑暗的冬天仍在继续。探险队员可能会变得孤僻，行为古怪。他们的个人爱好成为维持生活平衡的重要方式。站长的个性会对所有参与人员的生活产生重大影响。正如其他南极站一样，科学家和辅助人员之间存在着社会鸿沟。在冬季，这些群体的比例发生了变化。科学人员数量下降，仅保留骨干人员，大多数工作人员是参与站内及其设备运行的技术人员和商人。

与其他南极站类似，"冰雪时间"制度盛行，人们在冬季逗留比夏季逗留印象更深刻。南极这个方面胜过其他地方。

　　"如果你在南极度过了一个夏天，你就想在南极度过一个冬天。如果你在南极过了一个冬天，你就想在南极多过几个冬天。最后，一旦你在南极度过了好几个冬天，你就会害怕离开南极，因为在其他地方你要为食物付钱，过马路前要看两边的情况。"

最后一类人的数量令人惊讶。2015 年，45 名越冬者中有 9 人曾至少在南极越过一次冬，有两人在南极越过 11 个冬天。

越冬人员要经过系统的审查，以确定是否合适。即使你有必要的资格或经验，持续的健康问题也很容易将你排除在外。据统计，南极并不是一个特别危险的地方，在定居的 50 年里，有 6 人死亡，其中 3 人是极端的游客（他们跳伞时降落伞没有展开）。然而，这些数字掩盖了环境的挑战性。除难以想象的寒冷外，高海拔也造成了一些问题，许多新来的人出现了高原反应，而居民则因为大气中的氧气含量较低而不断出现健康问题。长时间的日照和黑暗也会对生理产生影响，干燥的空气会导致皮肤问题。由于飞机在冬季不能降落，任何疾病或事故伤痛只能由在场的一名医生治疗。尽管所有越冬者都要接受医疗检查，但紧急情况还是发生了，最有名的是尼尔森对乳腺癌的自我诊断，这需要她采取自己的组织样本，用空投到基地的化疗药物治疗疾病。

狭小、孤立、幽闭的社区和黑暗、冰冷的冬天也给心理带来了挑战。第一批越冬者在入选前要接受心理测试，以排除那些有幽闭恐惧症或精神障碍的人，并衡量他们的兴趣和品质。西普尔断言，南极条件揭示了一个人的核心特征。无论一个人的本质是什么，在近距离的冬夜里都会被强化。一个卑鄙的人将变得更加卑鄙；一个善良的人将变得更加善良。为什么一个人在极端和高度人为环境下的行为被认为是他们真实自我的表现呢？在通过事先的筛选后，第一批18名越冬者被要求在南极时反复进行心理问卷调查，以为孤立生活的人提供参考数据。其中一项是有分歧的，要求他们列出社区中他们不喜欢的人，并说明他们反感的原因。这引起了人们的反对，最终被放弃了。最近的过冬者被要求提前进行心理测试。尼尔森说，招聘人员正在寻找那些稳定的、容易相处的、有直觉的人。他们想剔除有人格障碍的人、长期抱怨的人、长期抑郁的人、药物滥用者等。

对于心理学家来说，南极的小型越冬社区提供了研究群体动态情况的独特机会。从早期开始，研究人员就研究了一群陌生人在适应这种不寻常的人类环境时遇到的挑战。一项研究在20世纪90年代进行了3年，研究了连续越冬人员中不同社会模式形成的情况。这项研究为团体和个人心理研究提供了数据。

近年来，南极社区的一个重要变化是与世界的交流增多了。今天的南极人可以经常使用互联网和电话。当然，这取决于通信卫星的情况，南极附近通信卫星的可用性要低得多。许多人在博客上概述了他们的南极经历，并展示了他们的摄影作品。西普尔的同伴们依靠无线电，与家人、朋友倾诉和分享遇到的问题。由于担心这些人缺乏情感宣泄途径，西普尔让一只在南极洲出生的年幼

南极洲干燥、寒冷的
环境会使普通的工作
变得非常困难

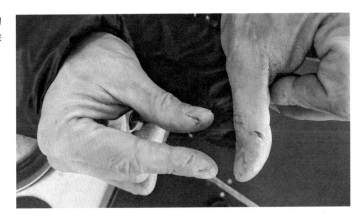

的阿拉斯加雪橇犬布拉沃与他们一起过冬，因为它是一个没有判断力和谨慎的倾听者，当代技术使南极人更容易找到知己，尽管这也意味着家庭生活的压力可能会使南极人的生活变得更加困难。对于尼尔森来说，电子邮件和网络电话是新形式的祝福。

在南极点定居后要想稳定地越冬，那就需要仪式和定期庆祝来中断其他令人沮丧的事，并提供具有凝聚力的活动。南极探险家们早已意识到这一点的好处。道格拉斯·莫森是 1912 年和 1913 年冬天住在南极洲海岸的一群人的领袖，他回忆说，"庆祝变得如此狂热，以至于人们经常提到年历"。在一个没有特征的时间段里，人们异常兴奋地庆祝了伦敦第一次用煤气照明的周年纪念日。在南极，温度和黑暗的极端情况比欧洲边缘地区要明显得多，纳入习俗化庆典的需求甚至更大。通常，人们办一场盛大的庆祝活动，用一个由管道配件组成的烛台、自制的鞭炮和香槟祝酒词来庆祝冬至。其他节日也包括满月、月食和生日。

在随后的半个世纪里，这些仪式和庆祝活动的重要性并没有减弱。冬至仍然是南极日历中的一个重要节日，以一系列既定的元素为标志，如（若干年来）一个包含既往越冬者礼物的特殊空投、豪华的晚餐、听戏剧、举办音乐会以及放映电影《闪灵》。另一个重要的事件是夏季人员的告别。约翰·卡朋特的南极电影《怪形》最受欢迎的镜头是最后一架飞机的离开，这让越冬者感觉像影片中注定失败的探险者一样，完全被孤立。但现实中他们对被遗弃的表现并非恐怖，往往是欣喜若狂，感觉

没有圣诞树并不妨碍
南极人员庆祝圣诞节

空间和资源被释放出来，期待已久的越冬冒险终于开始了。夏季即将到来的探险者被视为进入孤岛社区的入侵者。他们的到来会在"温暖的"越冬者之间造成紧张气氛。在南极，人们的重要日子是以特定的方式标记的。在元旦，放置新的地理极点标记；在圣诞节，举办每年的"环游世界比赛"，参赛者沿计划好的路线跑步。每年路线都不同，但通常约 3.2 千米长贯穿每个时区。另一个著名的传统是在"300 俱乐部"经历约 149 摄氏度（300 华氏度）温差的洗礼。当室外温度降到−73 摄氏度（−100 华氏度）以下时，人们穿着靴子在 93 摄氏度（200 华氏度）桑拿浴中尽可能久地坐着，然后冲到室外，感受约 149 摄氏度（300 华氏度）的温差。而除这些定期重复的传统习俗外，偶尔也会有一些正式仪式。例如，1985 年在南极举行了第一场婚礼。

传统、仪式和典礼为不断变化的南极社区营造了一种稳定和持久的氛围。但是，尽管这里有经历过无数个冬天的老手，人们是否真的有可能在不断变化的冰天雪地里扎下根？没有人在这里出生或埋葬，没有家庭或孩子，没有退休人员，没有种植树木或建造花园（水培除外），所有的资源都是从外面空运过来的，人类真的在南极定居了吗？虽然人类已经尽了最大努力来定居，建立一个持续的存在，形成复杂巧妙的生活方式，并通过传统和仪式来发展与地方的关系；但他们在可预见的未来，仍将是南极点的寄居者。

6. 在南极寻找气候变化的答案

就自然条件来说，当人类开始在南极建立第一个科考站时，是不是可以认为人类已经殖民这个地方了？对南极洲物理条件的任何描述都无法避开下面这些熟悉的特征：它是著名的纬度最高、气温最低、气候最干燥的大陆，更不用说风最多和地表最空旷了。在描述南极环境时很难避免这些词，特别是当涉及南极点时，人们本能地认为南极点是这个大陆的最极端点。但是，这些形容词真的能描述南极吗？

当然，不可能将南极的自然环境与环绕它的大陆分开：一个难以想象的 2 650 万立方千米的冰块在基岩上缓慢滑动。由于冰的巨大重量，这些基岩有很多在海平面以下。如果冰块融化了，基岩最终会浮出水面（这个过程被称为"地壳均衡回弹"），但其中一些仍会留在水下。在冰层下有大量的湖泊。迄今为止已经发现了 300 多个，其中最大的沃斯托克湖的体积大约是维多利亚湖的两倍。

南极洲被跨南极的山脉分为两个区域，长度超过3 200 千米。西南极洲，包括南极半岛，以及海拔更高、天气更冷、面积更大的东南极洲。南极位于南极洲东部不远处，那里的冰原逐渐向高大的冰穹倾斜，进一步倾入内部。

在霍华德·菲利普·洛夫克拉夫特的长篇小说《疯狂山脉》中，一支科学探险队在调查南极山脉的高度时遇到了麻烦。跨南极山脉令人印象深刻，但与喜马拉雅山脉或安第斯山脉的高度完全不同。南极洲的最高峰——文森山，位于南极洲西部的埃尔斯沃斯山脉，垂直于横断山脉。文森山高约为 4 900 米，只比勃朗峰高一点。南极洲的平均高度约 2 200 米（不包括浮冰架），是世界大陆平均高度的两倍以上，并不是因为山脉的高度，而是因为冰盖本身的高度。冰原的最高部分是冰穹 A，一个位于大约 4 100 米高度的平原。处在高原斜坡边缘的南极要低得多，海拔约 2 800 米。

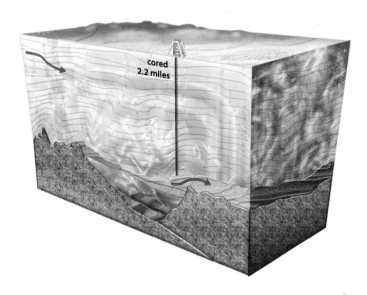

已知最大的冰下
朗——沃斯托克
朗的横截面插图

跨南极的山脉

纬度高就意味着冷。俄罗斯的沃斯托克站在海拔
3 500 米左右，记录了大陆最低气温（−89.2 摄氏度）。位
于冰穹 A 西南方向约 7.3 千米的中国南极昆仑站所在地，
年平均温度略低于−58 摄氏度。2011 年南极平均温度为
−49 摄氏度，最低温度为−82.8 摄氏度，最高温度为
−12.3 摄氏度。更靠近大陆海岸的地方和南极半岛的最高
气温很容易达到正数，20.75 摄氏度是最高纪录。当然，
高原的低温不仅仅是由于它的海拔高度，还由于太阳光
线的低角度照射和阳光在冰面上的反射，这同样也是导
致北极区低温的原因。除高度外，南极洲较冷的另一个
原因是它与其他大陆相距甚远，并被寒冷的环极流包围。

寒冷意味着干燥。极低的温度，加上上方下沉的空
气，导致降水非常少。南极洲大部分地区平均年降水量
远远低于 25 厘米的标准，一般低于这个标准的环境被视
为沙漠。南极洲东部的内陆高地更干燥：冰穹 A 平均年

跨南极山脉的航拍

抛向空中的沸水在
−68 摄氏度的环境
下被瞬间冻结

降水量仅超过 2 厘米。虽然地球上有一些特定的地区要干燥得多，但没有哪个大陆如此干燥。尽管该大陆较温暖的沿海地区确实在下雨，但南极内陆的大部分降水是以雪粒和"钻石尘"的形式出现。这些冰晶从晴朗的天空落下。由于雪在南极大陆上不会融化，经过几百万年的积累，形成了今天明显的巨大的冰层。

很少有人会质疑南极洲作为地球上最冷地方的说法。冰的平均厚度（不包括浮动的冰架）是 2 100 米。直观地讲，你会认为最高的地方也会拥有最厚的冰，但这种假设忽略了冰下基岩的情况，而基岩本身也被上面的巨大冰压住了。南极洲西部的伯德冰川下降到海平面以下 2 900 米，而南极的基岩接近海平面。在其他地方，基岩被抬高，例如，冰穹 A 下的基岩高度在 950～2 450 米，这意味着，尽管这是冰原的最高部分，但冰层并不是最厚的。冰穹 A 下的冰层平均为 2 200 米，大大低于南极点下的冰层，尽管它最厚的地方超过了 3 000 米。该大陆最厚的冰层在阿斯特罗拉贝次冰川盆地（南极洲东部的一个小楔形区域），上方，有

−62 摄氏度时，人脸
上的霜

4 776 米。冰层的厚度以及基岩的不同性质，意味着冰层
下的地形特征被完全隐藏起来。在南极洲东部的冰层下
有甘布尔采夫山脉，该山脉与欧洲阿尔卑斯山相似。偶
尔，山峰会从冰原上凸现出来，被称为"nunataks（冰原
岛峰）"。当然，南极大陆冰只是故事的一个部分。南极
洲也被海冰包围，海冰会季节性扩大和缩小，例如南半
球海冰面积秋季时约 200 万平方千米，春季时 1 500 万平
方千米。

　　风速也由大陆的形状结构决定。最强的风是"卡塔
巴尼"风，它是由寒冷而密集的空气在重力作用下从
高原上流走，并在海岸附近的陡峭山坡上加速下降时形
成的。

直升机收集数据

　　20 世纪初，道格拉斯·莫森带领一支探险队驻扎在东南极洲海岸的丹尼森角，他认为自己是在"暴风雪之乡"，他没有错。在莫森待在那里的两年时间里，平均风速为每小时 71 千米。然而，该大陆上有史以来最高的风速纪录是在几百千米外的迪尔维尔站，风速高达 100 米 / 秒，远远超过了 5 级飓风的速度，这也是世界上有记录以来的最高风速。南极的平均风速为 15 千米 / 小时，严格说，算是微风。

　　所有这些极端情况意味着南极洲是迄今为止最空旷

特拉诺瓦海湾的
海冰破裂

的大陆，没有原住民，没有永久居民，临时人口从冬季的约 1 000 人到夏季的 4 000 人不等，其中不包括游客。目前为止，只有十几个人在南极洲出生，都是在智利和阿根廷的站点，这些站点还设有学校。

极点是极端的，在任何一个方面比南极大陆的其他地方更极端。当然，它可以说是连续黑暗（和光明）时间最长的地方（长达半年），尽管这个纪录是跟北极一起分享的。归根结底，就地理和气候的极端性而言，南极就是地球上最南端的地方。

撇开人类的基础设施不谈，在南极有什么可看的呢？对于大多数人来说，"南极"这个名字可能会联想到一个宽阔的冰雪平原。这个形象是没有任何特点的。科学记者加布里埃尔·沃克在谈到南极洲东部的冰原时说："它看起来很平坦，呈灰色，坦率地说，相当沉闷。"然而，她描述的是从飞机上看到的情况。虽然从表面上看，高原并不是你所想的是多变的，但如果你认为它是完全一样的，那就太冤枉它了。当冰原遇到障碍物，如"nunataks（冰原岛峰）"或冰架时，就会形成深的裂谷，尽管它们在相对无特征的内陆地区（如极点）不太常见。然而，正如早期探险家发现的那样，雪面也会受到其他地形特征的影响：它可以被风侵蚀成一系列的山峰、谷底和山脊。这些词被人们统称为"sastrugi（雪面波纹）"（这一术语源自俄语）。在一些地区，它们可以有几米高，可在南极它们要小得

南极洲的大风

多。此外，从空中看极点是平的，但它实际位于一个斜坡上。1957 年第一个到那里过冬的小组的科学领导人保罗·西普尔称其为"非常平缓的山坡"。西普尔观察第一批来到南极的人对周围环境的反应后，他做了如下描述：

"当这些人第一次来到南极时，印象最深刻的

2008 年日出时,南极站自然形成的霜球

是它的虚无。远山、海洋、鸟类、树叶,甚至裂谷都让人赏心悦目。最近的山峰位于 480 千米之外,海洋在 1 280 千米之外。但当他们开始仔细观察时,他们每次都看到新的东西。雪面上有不经意间的美。雪有不同的形状和形式,从巨大的漂流物到被雕刻的冰体,再到精致的小晶体。光学现象在我们身边随处可见,其中有些让人叹为观止。我们可能算得上被幽闭的人,但周围的美景让人敬畏。"

西普尔指的光学现象包括在漫长的极夜可见的"南方之光"——极光,以及日晕、幻日、日柱等。所有这些在世界其他地方都可以看到,但在南极地区更为常见,而且更加壮观。最著名的是极光,即夜空中挥舞的彩色光带,最常见的颜色是绿色,也有红色和紫色。

罗伯特·福尔肯·斯科特于 1911 年冬日在埃文斯角的日记中，记录了这种现象：

"东部的天空被摇曳的极光包围。一叠一叠的拱门和震动的光幕在天空中升起和扩散，慢慢地褪去，然后又重新焕发出生命的光彩。目睹如此美丽的景象，不可能不产生敬畏之情，然而这种感情并不是由它的光辉激发出来的。它没有像人们经常描述的那样，用闪亮的光彩来迷惑人的眼睛，而是通过暗示某种完全精神化的东西来激发人的想象力，这种东西本能地具有一种飘逸的空灵的生命力，自信而

2003 年 10 月下旬，阿蒙森-斯科特南极站的冰穹位于由风蚀形成的雪脊之上

又不安地流淌。"

极光是由地球磁场和太阳风之间的相互作用产生
的，太阳风是由太阳发出的带电粒子组成的恒定流。这
些相互作用可以使电子沿着磁场线加速，并向地球移
动。在这里，它们激发了大气中的氧和氮原子，当它们
以正常状态放松时，会发出特定波长的光，因此会显示
颜色。极光活动通常集中在地磁极周围的一个椭圆形区
域，在太阳活动增多时，该区域仍可以移动、扭曲和
扩大，以便在南半球更北的地方看到极光。一些南极
站，包括南极点，都靠近这个区域（澳大利亚的莫森和
日本的昭和基地，都是沿海站，这更容易看到极光）。
因此，在南极 6 月的夜晚，天空经常被挥舞着的光幕
照亮。

另一个令人印象深刻的现象是光环（天空中的弧线
或光点），由光线通过悬浮在大气中的晶体的折射和反射
形成的。它们可以由月光或人造光产生。"绕月环"是一
个著名的例子，但太阳光环是最壮观的。它们可以采取
各种形式——环形、弧形、柱形。不同的组合，取决于
晶体的形状、太阳的方向和太阳的高度等因素。在纬度
较低、气候较温暖的地区，冰晶往往在太阳高挂天空时
出现，因为它们在这时被定格在高层大气中。在世界人
口密集的地区，每隔几天就可以看到冰晶，但往往不被
人注意。

　　有关南极探索的描述中经常包含对这些现象的描述。斯科特第二次探险时，队里的气象学家乔治·辛普森向同伴们讲授有关大气现象的知识，他们在旅行中也对这些现象感到惊讶。

　　幻月指出现在月亮两侧（有时只是一侧）的亮斑。白天对应的是幻日，很常见的。人类最熟悉的天空壮丽景象——日出和日落——在南极每年只发生一次。然而，太阳的圆盘需要一天多的时间才能完全到达地平线以下或以上，而且日出和日落的整个过程被拉长，黄昏持续数周之久。一些特殊的光学效应，如绿闪现象（当太阳顶部消失在地平线以下时出现的一阵绿光，通常为几秒钟），在南极却可以间歇性地持续数小时。

　　对于美学家和大气科学家来说，南极有很多变化，但对于动物爱好者和生物学家来说，却没有什么可说的。在空间站的基础设施外，南极很少有生物存在。唯一曾

森山脚下有光环的
日

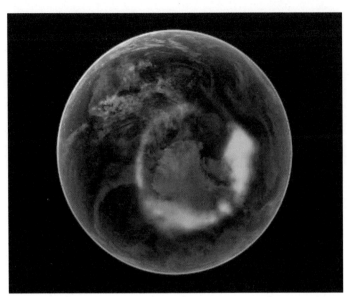

2005 年 9 月美国国家
航空航天局（NASA
卫星生成的南极极光
视图

在那里冒险的本地生物是南极贼鸥——一种大型南极海
鸟。斯科特说，在他致命的南极旅行中，他在南纬87度
左右的地方扎营，距离极点300千米，看到了一只南极
贼鸥。考虑到离海的距离，这应该是一只不寻常的访客。
后来有报道说，白头翁偶尔会来到南极洲内部，包括南
极点。雪燕也可能会飞到南极洲，它们飞行距离最远可
以延伸至南纬85.5度。

在南极洲较温暖的沿海地区，情况就不同。在南极
水域游弋并在其冰面上繁殖的海洋动物包括威德尔海
豹、螃蟹和罗斯海豹。它们吃鱼和磷虾，反过来虎鲸又
吃它们。海豹在南极洲的岛屿上繁殖，也是南极洲的
夏季访客，它们在海滩上栖息换毛。座头鲸、长须鲸、
水貂和蓝鲸，都会到南极来，食用冰冷海水中丰富的

食物。

虽然企鹅会自动与南极联系在一起，但作为一个术语，这只是南极洲所有企鹅的通称。企鹅主要栖息在南极洲的沿海地区以及亚南极洲的岛屿上。主要有四种企鹅在大陆上或非常靠近大陆的地方生活和繁殖如帽带企鹅、胡须企鹅、帝企鹅和阿德利企鹅。只有最后两种被认为是真正的南极洲企鹅，因为它们在更南的地方繁殖，

爱德华·威尔逊的水
彩画，画的是1911
年1月中旬发生在埃
文斯角的一次日晕
景象

太阳在南纬 **89** 度的地方升起

更适应南极大陆的环境。企鹅的栖息地最接近南极点的是罗斯岛的阿德利企鹅栖息地，距离南极点超过 1 370 千米。人们许多其他动物，如海狗和海燕，自从柯勒律治的诗歌《古舟子咏》发表后，南极洲就与信天翁有着不可割舍的联系，但这些鸟类大多出没于南大洋的高纬度地区，几乎没有在南极洲繁殖的。

南极洲的陆地生物主要由无脊椎动物组成，而且种类有限。在南极半岛相对温和的条件下，可以发现蠓虫。植被主要局限于沿海地区，在半岛上可以找到两种开花植物，苔藓、地衣和藻类成了更南边地区的主要植被。地衣是最顽强的南极植物，它出现在高原中部裸露的岩石上和岩石中，距离极点约 260 千米。

在科考站内，除人类外的本地生物被禁止入内。《马德里议定书》是南极条约体系的一部分，规定所有非本地生物不得进入南极大陆，人类除外。只有经批准的特定用途才能获得许可，如用于食用的家用植物。阿蒙森-斯科特基地包括一个水培温室，该温室可作为人类逃生的通道。当然，狗和人类一样在南极生存了很久。人类在那里最早的行为之一是宰杀狗。挪威南极探险队的人定期杀死他们不能用的狗，作为其余动物和自己的食物，他们在南极点也不例外。近半个世纪后，狗又派上用场了。在南极建立第一个站的时候，成员就开始驯养哈士奇。然而，哈士奇作为站内宠物的情况在极地并不罕见，直到 20 世纪 70 年代中期，美国站内才实行禁止养宠物的政策。此后，狗偶尔会随冒险家到达极地进行穿越。

实验室动物是另一个干扰因素。1960 年，仓鼠被引入极地进行代谢研究，1961 年，一对双胞胎仓鼠宝宝在那里出生。

一只威德尔海豹宝宝

一些动物被意外地或者被人类作为食物、工作动物或宠物带到了南极。它们包括猫、老鼠、马、驴、牛、羊、猪、刺猬和蝙蝠。狗是唯一在南极无人帮助的环境下生存了很长一段时间的引进动物。最著名的例子发生在1958年初，日本沿海昭和基地不得不迅速撤离，15只库页岛狗被不情愿地抛弃了。一年后，当下一个越冬小组到达时，发现有两只狗幸存下来。尽管有《马德里议定书》的严格规定，但仍偶有关于狗或猫在南极大陆散养的报道。

当然，在遥远的过去，本地的动植物会遍布整个南极大陆。南极洲并不总是以这般骄傲的姿态孤立在地球。几亿年前，南极洲东部很可能与北美洲的西海岸相连，成为北半球超大陆冈瓦纳的一部分。大约5亿年前，它形成了冈瓦纳的一个中心部分，与非洲、南美洲、澳大利亚，以及印度相连接。

非洲西北部位于地理极点以北，而南极洲则位于南半球的低纬度地区。冈瓦纳大陆最初在赤道附近，在接下来的几亿年里发生了转移和断裂。随着大陆在不同纬度的移动，它被不断发展的动植物群占领：大河、

帝企鹅

帝企鹅似乎对一架双
引擎小飞机感兴趣

湖泊和海洋中有鱼游动，沼泽中充满植被，山脉上有针叶树、银杏和蕨类等树木，陆地上有大型爬行动物和两栖动物。古生物学家可以从冰层中突出的冰原岛峰发现的化石中拼凑出这段历史。斯科特那支注定要失败的队伍在从南极返回时花了数小时进行地质勘探，将13.6千克的岩石，包括舌羊齿类（一种古老的蕨类植物）的化石标本，拖回他们最后的营地。这些化石标本证实了该大陆与印度和澳大利亚的早期联系。到3 200万年前，南极洲已经与澳洲、新西兰和南美洲断裂。环极洋流开始流动，大陆逐渐变冷，植物也发生了变化。山毛榉、苔藓和针叶树在距离极点几百千米的范围内生长，并且有证据表明，直到大约1 400万年前，大陆内部还有苔原和灌木。虽然南极大陆将在遥远的未来不断移动，但南极洲可能在未来5 000万年内保持在南极点上，逆时针旋转。

　　古代生命意味着煤炭的产生，现在可以看到厚厚的煤层沿着横跨南极的山脉延伸。该大陆的潜在矿产资源肯定是早期探险家，如地质学家莫森所考虑的。20世纪中期的科幻小说家们对这种可能性感到兴奋，写下了这类题材的科幻故事。多年来，该地区确实发现了不同种类的矿物，包括铅、锌、铜、银、金、锡、镍、钴、锰、铬、钛和铀。在查尔斯王子山脉发现的金伯利岩，其中有钻石，这引起了媒体的兴趣。然而，南极给矿工带来了许多障碍，如封闭的区域、坚硬的冰层、极端的气候。冰原上远离山脉的地方是不可能进行矿物开采的。除铁和煤外，没有直接证据表明大陆上有任何矿物的数量多到足以证明"矿藏"一词的存在。然而，根据南极洲的地质情况，对石油和天然气数量的一些估计表明南极地

南极食物生长室：这个水培、人工照明的温室为探险者提供新鲜食物

区有商业潜力，而且如果其他地方的资源稀缺、价格高，那么南极地区的部分地区，包括大陆架，仍然有可能在未来进行开采。

在南极洲及其周边地区采矿的前景真正引起公众注意是在 20 世纪 70 年代，国际石油危机之后。20 世纪 80 年代末，《南极矿产资源活动管理公约》作为南极条约体系的一部分获得通过。作为一种预防措施，为该地区确实可以进行商业采矿而制定规则。然而，这一行动遭到了来自不同方面的反对。绿色和平组织等环保组织抗议对荒野的潜在掠夺，而要求南极获得世界公园的地位。发展中国家，特别是马来西亚，表示担心该地区会被较富裕的国家瓜分，并建议由联合国来管理南极洲。结果就是前面提到的签订了《关于环境保护的南极条约议定书》。该议定书于 1991 年签署，其中包括无限期禁止采矿。

另一种形式的"采矿"——生物勘探——已经在南极洲进行了几十年，寻找可用于健康或其他方面的天然生物物质。南极洲具有明显的潜力，那里的极端环境产生了具有不寻常特征的生物体。一个突出的例子是由南极鱼类（如南极牙鱼）产生的抗冻糖蛋白。它可以有一系列的应用，如从移植手术中更有效地保存人体组织、延长冷冻食品的保质期。这些不仅仅关系到南极大陆周边水域、冰层本身、冰川下的湖泊，还为生物勘探者提供了潜在的资源。然而，由国家计划支持的科学家们在一个本国没有所有权的大陆上开展活动，引发了许多法律、道德、商业和环境方面的问题，目前签署了《南极条约》的国家正在对此进行协商。

对南极洲当前环境的一个更引人注目的威胁是全球变暖。南极大陆在气候变化科学和政治辩论中发挥着至关重要的作用，这体现在几个方面：南极作为一个可能受到气温升高严重影响的地区，如果其冰层变得不稳定，则可能对全球其他地区产生灾难性影响。冰层储存了数百万年的气候数据，这些数据以冰芯的形式被检出，证明了大气中二氧化碳的增加与温度之间的联系，并提供了自然变化的背景，可以与当前的气候变化互相比较。

人为气候变化对该地区的影响更为复杂。虽然迄今为止南极洲东部几乎没有受到影响，但该大陆和南极洲西部水域，特别是南极半岛，正在变暖。令人震惊的是，几个大冰架已经从半岛上断裂。2002 年，自上个冰期一直保持稳定的拉森冰架突然坍塌了。科学家认为这一事件与大气环流的人为变化有关。南极洲西部冰盖的质量日益减少，主要是与海洋温度升高有关。南极洲融化的潜在影响是灾难性的。这块大陆上的冰比地球上其他地方的冰加起来还要多 10 倍。温度上升几度就会导致整个南极洲西部的冰层崩塌，造成海平面上升约 1.5 米。产生这种上升的是接地的冰，而不是已经取代了水的冰（如浮冰和海平面以下的冰）。

这对地理学上的南极有什么影响？如果所有南极的

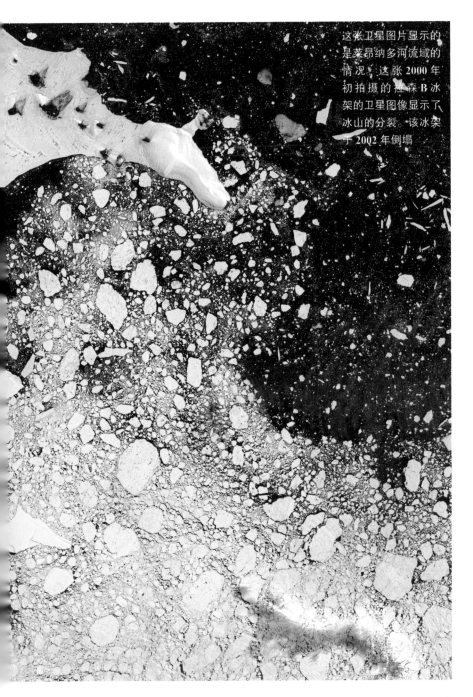

这张卫星图片显示的是莱昂纳多河流域的情况。这张 2000 年初拍摄的拉森 B 冰架的卫星图像显示了冰山的分裂。该冰架于 2002 年倒塌

南 极

冰都融化了，那极点不再这么高也不再这么干燥了。这种最坏的情况在可预见的未来是不可能发生的，但气候模型显示，未来的温度变化将在南极高原上被放大，比平均水平高约20%。南极气温将增加几摄氏度。这种情况在以前也发生过，相应的海平面也会上升。两极（定义为地球轴线与表面的交汇点）将由于这种融化而发生移动。因为水的重新分配可以改变地球旋转轴的位置。研究表明，在过去一个多世纪里，北极沿着西经70度向南漂移，最近又向东漂移，最有可能是由于冰融化速度增加。据推测，南极自身已经发生了变化。仅仅一个世纪前，人类还没有到达两极。现在，我们似乎无意中已经成功地移动了它们。

7. 向上看，向下看

南极不寻常的物理特征使其作为科学调查的地点具有特殊的优势。然而，在南极发生的科学并不一定是关于这个地方本身。虽然那里没有野生动物可以观察，没有树木或花朵可以采样，没有裸露的岩石可以研究；但不管上至太空还是下至冰层，甚至进入地心，南极都是一个很好的切入点。看起来非常局部化的研究可能具有全球性，甚至宇宙性的意义。

不仅仅是南极，整个南极高原都可以作为研究的场所。它有着高原极端的物理条件。它是地球上最高、最干燥、最冷、最孤立的地区，而且在一年中的某些月份是最黑暗的地区。这些是它独特的科学优势。诚然，在地球自转轴上（极点本身）进行一些实验有特定的优势。纯粹从环境条件来说，南极高原上的条件一点也不差。重型设备可由飞机运入和运出，或由机动车沿着预先平整的冰面拖动。南极的科考站可容纳数百名工作人员。

南极进行着各种各样的科学实验。由于南极清洁的空气中没有通常空气中的污染物，因此它被用来研究大气成分的范围变化。二氧化碳和臭氧的水平已经被持续监测了 50 年左右。在漫长的冬季黑暗中，极光被研究，因为它可以告诉我们空间情况（地球附近空间区域的环境条件）。美国国家航空航天局（NASA）将南极洲的内部作为地球邻星——火星——的地形和温度的模拟物。然而，最吸引人注意、花费最多的南极科考项目是在南极上方的天空或下方的冰中寻找相关数据。

南极洲为天文学研究提供了世界上最好的条件。虽然某些形式的天体物理学可以在沿海基地（如麦克默多和莫森站）进行，但南极高原为天文学家提供了最好的观测条件、最黑暗的天空和最透明的大气。南极高原对天文学家的主要吸引力是其纬度高、寒冷、干燥和孤立

无人居住、被雪覆盖的小屋等待着夏季站民的到来

美国国家航空航天局（NASA）的机器人探索者"风滚草"是一个可用于在火星冰面上寻找水的装置的原型，于 2004 年放在南极，在南极高原上进行了 70 千米的旅行

的地理位置。对于观察来自深空的微波和红外辐射的望远镜来说，干燥的空气是最重要的。因为水蒸气会吸收并重新释放辐射，干扰数据。南极高原的海拔和寒冷的气温都会大大减少水蒸气。此外，大气越干燥，就越均匀，局部波动的噪声就会越少。南极高原的孤立位置意味着人类活动的干扰（如气溶胶和光污染等）被降到最低。

南极点本身（相对于更普遍的高原）作为一个天文观测点既有优点也有缺点。6 个月的黑暗意味着不存在昼夜温度变化问题。南极点由于位于斜坡上而不是南极高原的中心，它比其他高原海拔低、风势稍大（在地表附近形成不太稳定的空气条件）、云量较多，更容易受到极光活动的干扰。冰穹 A 是进行天文项目研究较理想的南极内陆场地，冰穹 F 也非常适用于天文项目研究，而目前无人居住的冰脊 a（从冰穹 A 向西南延伸）是所有地方中最好的。然而，虽然有几个高原观测站确实适用于天文研究（例如位于冰穹 A 的高原天文台，由机器人控制全年运行），但这些南极观测站的设施和空运大量设备的能力意味着南极天文学和天体物理学研究的主要地点仍一直是南极点。

南极的天文研究始于 1979 年，当时对太阳进行了长时间的连续观测，而在 20 世纪 90 年代初，随着马丁·A. 帕姆兰茨天文台的建成，天文研究才真正开始起

黄昏时分的南极望远镜，2012 年

步。该天文站以领导许多早期实验的科学家的名字命名。与天文学家和天体物理学家使用的其他仪器一样，这个天文台位于"黑暗区"（那里的光和无线电污染被控制在最低限度）。虽然在任何时候都有一系列的科考项目在进行，但对宇宙背景辐射的研究是最突出的。宇宙背景辐射是宇宙开始时大爆炸留下的电磁波辐射。虽然这种辐射在很大程度上是均匀的，但微小的变化提供了关于早期宇宙的信息，从而帮助科学家了解宇宙当前结构的信息。对恒星爆炸的观察表明，尽管有相斥的引力，宇宙仍在加速膨胀，这表明存在着另一个神秘的实体——"暗能量"。这种现象是使用一种特殊的南极望远镜进行观察的。它是射电望远镜，在地平线的映衬下，呈白色，非常奇特美丽。耗资 1 900 多万美元建造的南极望远镜于 2007 年开始收集数据。相邻的望远镜"BICEP2"对理解宇宙的起源做出了重大贡献。2014 年，它确定了引力波对宇宙背景辐射的影响，这些引力波发生在大爆炸后一个无法想象的小瞬间。这反过来证实了早期的宇宙经历了一个膨胀或指数加速膨胀的理论。这一数据也可以说明量子物理学和相对论是如何联系的基本问题。南极，这个具有象征意义的最后一片净土，为寻找"万物理论"提供了可能性。

没南极望远镜那么明显，但同样引人注目的是埋在冰里的实验室——冰立方中微子观测站。冰立方耗资 27.9 亿美元，于 2010 年开始运行。南极望远镜利用南极高原的高度来仰望星空，而冰立方则利用冰的深度来观察难以捉摸的粒子。这些是微小的、几乎没有质量的中微子，它们的速度接近于光速。中微子是理解宇宙结构和演变的另一个关键。如果一个中微子与其他粒子碰撞，是可以从它产生的光中检测出来的。然而，由于粒子是如此之小且不带电，这些相互作用是非常罕见的。探测器越大，你就越能看到相互作用；冰立方使用了一立方千米的冰。超过 5 000 个探测器被埋在高原表面以下1 450 米至 2 450 米的地方，连接在用热水钻打出的 86 个孔中的电缆上。冰层的黑暗是清晰探测的理想选择。冰立方每天观测到大约 275 个中微子。尽管冰层每年移动10 米，但它是完整移动的，因此实验数据是完整的。与南极望远镜一样，项目的巨大规模，以及它所要观测的粒子的神秘性质，形成了一种魅力，而南极神秘、偏远

"黑暗区"的旗帜组
帮助人们在南极的
夜里找到方向。在地
平线上正好可以看到
南极望远镜

2013 年，南极望远镜的近照，增加了一些新的配件

的位置又增强了这种魅力。

俯瞰南极的另一组科学家是地震学家。南极是研究地震的绝佳地点，但不是因为南极洲特别容易发生这种现象。相反，在所有大陆中，它遭受的地震次数最少。同样，这是科学家利用南极来观察其他地方的案例。它在自旋轴的位置意味着地球的旋转力不会像在其他地方那样影响测量，所以地球上其他地方的地震事件可以被观察得异常清晰。北极也有这个优势，但北极大陆不能保证记录设备的安全。

最近的地震台设在南极远程地球科学观测站，位于"安静区"，离主站建筑8千米，设备和车辆产生的振动和噪声被控制在最低限度。为了实现更少的干扰，地震仪被埋在冰层300米以下。因此，它们可以记录地球上最安静的振动，比以前观察到的要安静4倍。这意味着南极远程地球科学观测站可以探测到从全球遥远地区传播到南极的地震活动，并收集关于地球内部结构的数据。正如科学作家加布里埃尔·沃克解释的那样，该天文台可以作为一种向内型望远镜，探测地球地幔、几乎由纯铁制成的液体外核和位于地球中心的内核的情况。

对地震活动的研究是20世纪50年代末原站计划的一个重要部分，现在是在南极的所有科学数据组中持续时间最长的。研究提供的数据证明地球的固体核心比地球的其他部分旋转得更快。而且南极远程地球科学观测站还可以探测到地球的人为干扰。没有旋转，没有噪声，意味着它是一个独特的地方，可以倾听全球其他地方的喧嚣。

物理学家们将他们的冰立方中微子探测器埋在冰层深处以建立一个巨大的望远镜，而南极点远程地球科学观测站的地震学家将他们的探测器埋在数百米深的地方以躲避外来的噪声，冰川学家钻冰芯寻找冰包含的大气痕迹。提取和分析冰芯是南极洲最紧迫和最重要的科学活动之一。冰芯是在冰原或冰川上钻出的连续垂直样本，储存在大约几米长的圆柱形固体中。从某种意义上说，这些是时间的凝固代表。冰中的物质，包括灰尘、火山灰和被封闭的气体，为研究地球过去环境提供了信息，如温度变化情况和二氧化碳水平，这些对于理解和确定当前的气候变化至关重要。

在任何一个地方，如果没有明显的断层或褶皱，那么取回的冰芯越深，它沉积的时间就越长。然而，南极内陆不同的积雪速度意味着深度和时间之间的等式因地而异。在南极高原的高处，积雪非常少，因此数千米长的冰层提供了一个非常长的记录。沃斯托克站处于通过冰芯研究长期气候变化的良好位置。在 20 世纪 80 年代末提取了一根沉积了 15 万年的 2 千米长的冰芯，随后在 1996 年提取了一根沉积了 42 万年的 3.3 千米长的冰芯，为证明温度与大气中的二氧化碳之间的联系提供了重要的数据。与其他冰芯一起，例如在冰穹 C 提取的沉积了 80 万年、长 2.8 千米的样本，它们提供了自然变化的数据，可以与当前的变化进行比较，为人为因素影响气候提供证据。

在南极，冰层越薄，记录相对越短，但细节更多。南极冰芯项目旨在提取一根 500 米长、沉积大约 4 万年的冰芯。与在冰穹 C 提取的冰芯相比，沉积时间上并不长，但其分辨率预计是所有南极东部冰芯中最高的。冰的运动是另一个因素。南极的岩心应该提供相对有序的地层，也就是说，地层是明确的，最新的地层在顶部，最古老的地层在底部，中间没有褶皱或断层的证据。然

研究人员使用冰芯钻
头工作

而，与许多南极科学一样，该站已有的后勤支持是决定
实验地点的一个因素。

　　科学一直是人类在南极定居的理由。第一个南极站
是作为 1957—1958 年国际地球物理年全球范围内推进科
学研究的一部分进展的。半个多世纪以来，在两个新的
站点建立后，有一些活动（如空气采样）基本上方法维
持不变，而其他（如宇宙学）则以无法预料的方式扩展。

8. 空旷图景

1956年底，当第一个南极站的建设即将开始时，一幅漫画出现在一本广受人们喜爱的美国杂志《游行》上。漫画中一个探险家拿着相机，在冰天雪地里指导他的拍摄对象——另一个穿着毛皮大衣的探险家。他说："现在我们来拍一张你站在那里的照片。"这幅漫画巧妙地概括了视觉艺术家在南极面临的审美问题，至少在大众的想象中是这样的：南极有什么值得看的？

沿海地区和冰雪覆盖的水域，在18世纪末至19世纪初首次被发现，高大巍峨的冰山、晶莹剔透的冰川、憨态可掬的帝企鹅，这些相当容易符合现有的审美标准。乔治·福斯特是18世纪末研究詹姆斯·库克南极环球航行的自然学家，他用水粉画的单幅南极图像《冰岛》借鉴了原浪漫主义美学风格。然而，探险队的艺术家威廉·霍奇斯似乎对他的南极之行并不满意，至少在艺术上是如此。虽然他创作了该地区的第一批画作（5幅水彩画），但这比他在其他旅程中创作的画作要少得多，而且没有一幅后来被制成油画。人们只能假设霍奇斯认为南

"Now let's get one of you standing over there."

极海洋的冰层不适合作为绘画的主题。后来的海上航行
（如查尔斯·威尔克斯和詹姆斯·克拉克领导的海上航
行）产生了自然主义传统的艺术作品，将南极洲海岸带
入西方文明的视觉想象中，但并没有暗示南极洲在视觉
艺术方面有什么独特之处。然而，并非所有早期的南极
艺术都是由那些见过南极大陆的人创作的。该地区一些
知名的图像是 1875 年柯勒律治诗歌《古舟子吟》中的哥
特式插图，由受人欢迎的法国艺术家古斯塔夫创作，此
时他最远的南方之旅的目的地是西班牙。

　　根据一项估计，詹姆斯·库克时代以来，只有不到
300 名视觉艺术家访问过南极洲。他们创作了大量艺术作
品，包括绘画和摄影、装置艺术、雕塑以及珠宝、玻璃
和瓷器形式的艺术品。关于这个主题的书已经写了一整

一枚搪瓷的地平线胸针，2012 年

本，并举办了许多展览。然而，大多数南极艺术是针对沿海地区的，最近的艺术作品开始涉及科学数据和气候变化，并对南极高原提出了一系列问题。首先，作为一个艺术家，如何到达那里；其次，如何在那样的环境下工作；再次，如何发展一种艺术语言，以应对空旷又单调的刻板印象。

对于第一个到达南极的艺术家（斯科特信任的伙伴爱德华·威尔逊）来说，第一个挑战已经没有意义（返回是个问题）；第二个挑战他已经经历过了（早些时候的"发现"号探险）；第三个挑战在某种意义上是受欢迎的。当威尔逊到达南极时，南极事实上并不是完全光秃秃的。于是，他为先驱者们画了草图。这些草图补充进了他在南极旅行时已经绘制的许多草图中。这些草图是在南极考察队的帐篷里与队员们的尸体一起被发现的。作为探险队的动物学家，威尔逊关心的是如何准确地记录他周围的环境，以及如何把握审美，他在南极洲写生方面有

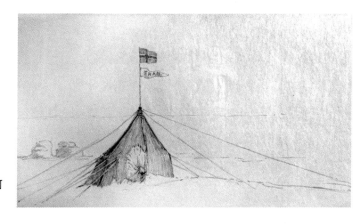

爱德华·威尔逊为阿蒙森的帐篷画的草图

很丰富的经验。他深知危险性，低温会冻住他喜欢的水彩画，更不用说冻伤手指了，所以他大多在相对舒适的小屋里写生。

到了威尔逊的时代，南极探险队中，不仅有艺术家，而且有摄影师。南极洲的独特之处在于，它的探索是随着摄影和电影的发展同时进行的，也就是说，在拍摄南极洲之前，没有任何本土或引进的艺术形象。1892—1893年邓迪捕鲸探险队拍摄了第一批南极陆地照片。1899年卡斯滕·博赫格雷温克的南十字星探险队建造的小屋（该大陆最早的人类定居点），正是这次探险队拍摄的南极大陆上的第一张照片。照片有几种用途。它们可作为成就的记录、展现有关地形和环境的资料、为探险者提供休闲活动。探险家们有时会带上自己的相机，用于探险后的重要宣传，如在报纸上发表文章和举办讲座。欧内斯特·沙克尔顿的尼姆罗德探险队拥有包括至少15台静态相机、笨重但高质量的玻璃板相机，以及小巧又便携的能利用最新胶卷技术的相机。沙克尔顿曾在斯科特首次尝试登极时担任摄影师。在他的雪橇旅行中带了一台相机和36块画板，它们被用来记录他心中最远的南方。与艺术家一样，南极摄影师也面临着众多的环境挑战，包括天气条件、冬季漫长的黑暗、设备对寒冷的反应，以及需要拍摄对象痛苦地保持静止以等待较长的曝光时间。这些问题意味着摄影在南极洲并没有自动取代绘画艺术作为视觉记录的手段。

一枚搪瓷的冰结构胸针，2011 年

一位著名的挪威摄影师提供的培训和设备成为阿蒙森探险队准备工作的一部分，但最终官方相机被损坏，南极探险队不得不依靠属于奥拉夫·比阿兰德个人的相机来进行旅程视觉记录。因此，作为一名图像制作者和探险家，威尔逊被一台便携式柯达相机抢了风头。在南行途中，阿蒙森的团队摆各种姿势互相拍照。在比阿兰德拍摄的照片中，有一张展现的是队员们虔诚地脱帽，从他们的领队开始，侧身排成一条线，仰望他们的旗帜。这"不仅仅是某地某人的照片"，挪威国家图书馆图片收藏馆馆长哈拉尔德·斯特加德·伦德写道："它是终极的精神形象，是骄傲、独立的挪威的标志。"它在书籍、杂志和电影中，在海报、明信片、邮票和包装材料上，一次又一次地被盖章、雕刻、印刷。尽管原始底片已经消失，但现存许多版本的印刷品。有些是手工上色的，旗帜和阿蒙森的肚子都有不同程度的褪色。

一个多月后，在同一个地方，当威尔逊写生时，伯蒂·鲍尔斯拍摄了一张表现他的同伴们无精打采地围着同一个帐篷的照片。斯科特似乎心不在焉。英国队在他们自己的旗帜旁边拍了更多正式的摆拍。他们五个人在有些版本的照片中是站着的，有些版本的照片中是坐着的。在一些照片中，鲍尔斯拉动快门的绳子正好被拍到。斯科特早先从著名探险摄影师赫伯特·庞廷那里得到了指导，他自己在旅程的各个阶段也拍摄了许多照片。庞廷回到了基地因为他不能携带重型设备超过两天，而且

这篇 1912 年 5 月的挪威报纸刊登了阿蒙森探险队的第一批照片

无论如何，斯科特向他保证，在南极高原上，除了一望无际、毫无特征的冰面，以及长长的探险队伍，几乎没有什么可拍的。事实证明，尽管庞廷对这次探险做了很好的摄影记录，但那些表情沮丧的人在南极点拍摄的自拍照已经成为标志性图像。

阿蒙森和斯科特还带了电影摄影机（移动胶片），其他探险队负责人，如沙克尔顿、莫森、白濑矗，甚至是19 世纪末的博尔赫格雷文克也带了相机。这些相机无法

比阿兰德拍摄的阿蒙森团队的其他成员在南极的照片。从左到右依次为阿蒙森、汉森、哈塞尔、维斯特

用于南极旅行。对于前往南极的阿蒙森来说，文明的最后景象是他努力被记录下来的供后人观看的超现实景象：一个留在基地的人转动了电影机的曲柄，当队伍越过山脊，机器便消失在地平线以下。庞廷为斯科特的探险学会了这项新技术，并在他的一生中为日益减少的观众放映了许多版本的电影。但他无法完整地拍摄南极之旅。

鲍尔斯拍摄的斯科特一行人围着阿蒙森帐篷的照片，从左到右依次为斯科特、奥茨、威尔逊、埃文斯

这幅来自挪威报纸的
插图显示，1912 年 9
月，阿蒙森向家乡的
一大群人做演讲，并
展示了他的探险图片

因为叙事中间存在漏洞，庞廷只能用插图来填补。弗兰克·赫尔利是另一位重要的早期南极摄影师和电影摄影师。他在沙克尔顿带领的探险队（该队试图通过南极点穿越南极大陆）到达陆地前也遇到同样的问题。被冰块击碎的"耐力"号在威德尔海沉没的戏剧性镜头算是一些安慰，但赫尔利为使观众满意，还增加了在另一次旅行中拍摄的南乔治亚岛上的一些动物镜头。

这些早期的南极洲图像是在艺术界处于转型期的时候制作的，它摆脱了既定的视觉表现惯例，转向了现代主义特有的抽象形式和内心状态的表达。斯蒂芬·派恩的《冰》中对南极艺术的开创性讨论中强调了一种讽刺，即南极的"抽象和极简主义"未能吸引最有能力应对这些挑战的现代主义艺术家。派恩指出，现代主义者的兴趣集中在其他地方；此外，前往南极高原仍面临挑战。

**特拉诺瓦探险队摄影
师赫伯特·庞廷使用
长焦设备**

任何想立刻体验极点的人，无论是艺术家还是科学家，都必须在威尔逊离开南极后等待几十年。

这一中断意味着，除了理查德·伯德在 1929 年飞越南极时拍摄的空中勘测照片（其中一些在探险记事《小美洲》中得以展现），任何关于南极的新视觉表现都必须用其他冰雪景观来替代。电影《南极的斯科特》大量参考了庞廷的作品，并包括一些在南极半岛拍摄的镜头（没有演员），但其冰冷的场面是在瑞士和挪威拍摄的。影片包括英国著名作曲家拉尔夫·沃恩·威廉斯的配乐，后来被改为《南极交响曲》。南极音乐（包括电影配乐）有其丰富的历史，知名作曲家如彼得·马克斯韦尔·戴

维斯、奈杰尔·韦斯特莱克和恩尼奥·莫里科内对南极
音乐都有贡献。

直到美国基地在 20 世纪 50 年代后期建立，视觉艺
术家才得以再次前往南纬 90 度。第一幅在南极户外创
作的画作是由 70 岁的海军艺术家亚瑟·博蒙特创作的。
博蒙特在执行艺术任务时已经习惯了南极的室外条件，
1960—1961 年夏天，他在南极站住了一个星期，在室外
用鱼雷酒精混合他的水彩画颜料进行创作。他的《南极
站》展示了一个色彩丰富的极点世界。

独立的视觉艺术家在南极成为定居点的最初几年就
来到了南极。瑞士摄影师埃米尔·舒尔特斯在 1958 年
8—9 月在几个南极基地待了一段时间，创作了一本名为
《简单的南极洲》的书。他飞过南极点上空，从空中拍摄
了站点和货物投掷过程。后来，他把一台鱼眼相机交给
了一名海军中士，并要求他对准极点进行长时间的曝光
拍摄。向上的图像跟踪了太阳在天空中的轨迹。舒尔特
斯在他的书中称，"肯定是第一个关于地轴南端的摄影记
录"。在佩恩看来，作为摄影记者的舒尔特斯利用新技术
战胜了南极高原上的一些挑战，但没有脱离表现艺术。

五年后，一位非同寻常的视觉艺术家来到了南极。
画家西德尼·诺兰，与作家艾伦·穆尔黑德一起在南极
大陆停留了 8 天。诺兰在南极洲期间创作了 68 幅画作
（主要是油画），这些画作都是根据当时遗失的照片和现
场的水彩画创作的。他创作的第一批图像是海岸风景，

这些风景被设想为一系列抽象的配置或密集的编织图案。诺兰的日记显示,斯科特的南极之旅为《营地》提供了具体的灵感,画中两个没有特征的人站在帐篷后面,前景是一团破碎的冰,远处是一个长长的灰白色块。他画中的探险家是脆弱的、孤立的。他们自我贬低,不讨好,甚至有点滑稽或荒诞。具有讽刺意味的是,诺兰对南极洲的现代主义图像,是在他对比了澳大利亚内陆探索失败的探险家伯克和威尔斯的绘画,以及著名的丛林探险家内德·凯利的画作之后产生的。这表明南极大陆与澳大利亚沙漠的相似性,以及它与外星世界的相似之处。

当有影响力的美国风景摄影师艾略特·波特在20世纪70年代中期到达南极点时,老站已经被冰穹取代。波特作品集《南极洲》的插页,写着"像荒凉的南极那样雄伟的画面",但事实上他明显避开了南极点本身,而且对南极高原的兴趣相对较小。对于舒尔特斯来说,迷人的无尽雪景让他百看不厌,但对于波特来说是沉闷的风景。波特已经具有他作为荒野摄影师的声誉,并从潜在环境威胁的角度来框定他的南极作品集,他的作品描绘了无数未触及土地经济开发后可预见的后果。对于评论家埃琳娜·格拉斯伯格来说,正是波特想要绘制的戏剧性、不合时宜、看似未被触及的自然界的景象,导致波特放弃了南极点。同时,她认为,波特的作品为观众包装了南极大陆,说明南极是人们关注的对象。诺兰的艺术与澳大利亚的沙漠建立了艺术联系,那么波特的艺术

西德尼·诺兰，《营地》，1964 年，硬板油画

将南极与世界各地的风景联系起来，似乎每个人都能在陌生事物中找到自己熟悉的东西。

　　对于明尼苏达州的斯图尔特·克里珀来说，他的作品显示了一种广域的和基本的美学理念，南极高原显然是一个合适的地方。他把在遥远南方拍摄的一些照片收录在他《从南极圈到南极点》的书里。在他的南极图像中，人类的痕迹扰乱了原本自信的全景图。《地理上的南极》是克里珀第一次到达南纬90度之后拍摄的照片，照片前景中央被一面飘动的旗帜占据，后面模糊的白色中可见一系列标记旗帜，分散了观者对中心物体的注意力。在《斯普里特轨迹》中，一辆驶出南极高原的车辆莫名其妙地停在了一束阳光里，看起来像南极神话中无处不在的外星人向机器发射的光束。克利珀在1989年至2000年前往南极洲五次，其中四次到达南极点。他拍摄了超过10 000张南极图像，并创作了迄今为止由一个人在这一地区拍摄的范围最大和距离最远的视觉作品。

到20世纪末，美国国家空天飞机计划对希望前往南极及其他站点的特定艺术家和作家的间歇性支持已经发展成为一个系统的计划。

到了21世纪，美国也像其他国家一样，倾向将传统画家或自然风景摄影师送往南极。尽管艺术家和作家项目在某种意义上充当了南极的"文化之翼"，但还是出现了表述复杂化问题或抵制作品。

其中一个例子是黎安美的摄影作品。她前往南极洲的目的是去麦克默多站和南极点，并观察军队提供的科学支持（运输和后勤）。她的《被遗弃的冰穹》和《南极的储物场》等作品于2008年首次展出，展览表现了科学探索、环境危机、帝国幻想等交叉主题。黎安美还放置了南极站的照片。她拒绝将南极洲作为一个特殊的地方，而是将其定位为全球经济的一个点。

　　洛杉矶摄影师康妮·萨马拉斯拍摄的大部分南极图
片也集中在人类的基础设施上，尽管她作品中的线条比
黎安美的更干净、更鲜明，这与她所称的主题"使用庞
大的自动生活智能系统拍摄南极"（引用科幻作家菲利
普·K.迪克的话）相一致。萨马拉斯曾评论说，在面
对南极高原时，很难不去拍安塞尔·亚当斯的作品，但
她克服了这种冲动。她拍摄的半建成的新站（萨马拉斯
在2004年访问）的照片是以部分而非整体的形式呈现
出来的——一系列分离的、无法穿透的封闭木块矗立在
桩子上。萨马拉斯的项目旨在研究"人工建筑和极端环
境之间的边缘空间"。《阿蒙森-斯科特站下》充分体现
了这一点，展示了建筑下方的设计利用风吹走积雪——
相机占据了分隔人工制品与自然环境的边缘空间。然
而，萨马拉斯拍摄的早期南极站的摄影作品却讽刺地反
映了这种形象。在《冰穹内部》中，考察站几乎被雪堆
吞没，而那些灯光明亮且对称的冰穹内部也充斥着冰块。
空中拍摄的被掩埋的20世纪50年代考察站的照片显
示，在满是泥土的平原上有一些难以辨认的痕迹。尽管
有空气动力学理论支持，但最新的站点并不是人类在南
极占领的终点，只是持续消耗系列中的最新产物。萨马
拉斯感到一种诗意的宽慰，因为她观察并记录了地质学
的时间轴，发现人们毫不留情地抹去了殖民南极高原的
尝试。

　　并非所有涉及南极的当代视觉艺术都是在南极创作

黎安美,《被遗弃的冰穹》,2008年,存档颜料印刷品,101.5 cm × 143.5 cm

的。安妮·诺贝尔曾三次前往南极洲。然而,即使在这之前,她"南极光"展览中的照片就以有趣的方式展示了南极洲的象征意义。这些与其说是南极的图像,不如说是人类如何创造南极的图像。其中一张照片显示了刻有南极大陆形状的 CD,中间一个标有"推动"字样的按钮标记在南极点的位置。另一张照片是儿童吹塑料地球仪的特写,其塞子正好位于南极点。第三张照片显示了从南极到世界主要城市的距离,但这个标志牌并不在南极,而是在日本名古屋的富士南极博物馆内。通过出售印有这些图像的拼图和明信片复制品(即所谓的南极纪念品),安妮·诺贝尔进一步加深了对南极的印象。

鲍尔斯于 1912 年在南极拍摄的一组著名照片一直吸引着艺术家们。安妮·诺贝尔将其中的一张照片选取出来作为"重新摄影项目"的灵感来源。她的五个图像系列"我们生活过"中的一张照片分别呈现了五个人,但这五个人并没有在一起,每个人似乎通过柔和、模糊的光线窥视其他人。虽然他们彼此分离,想要讲述的故事也不一样,然而观众被邀请去解读他们的故事,这种感觉被原始照片的形式抑制着。在安妮·诺贝尔与作曲家诺曼·米汉和诗人比尔·曼希尔共同创作的书籍《这些粗糙的笔记》中,这些图像与1979年埃里伯斯空难重新拍摄的照片并列在一起,空难在规模上远超南极悲剧,因此重新诠释了南极悲剧——将重点放在损失和记

康妮·萨马拉斯,《阿蒙森-斯科特站下》,来自主题为"使用庞大的自动生活智能系统拍摄南极"的展览

妮·萨马拉斯的
冰穹内部》

忆上，而不是英雄主义和成就。英国艺术家保罗·科德
威尔在他创作一系列图像时，也将鲍尔斯的图像作为对
记忆和时间流逝的反思。科德威尔拍摄了有关"特拉诺
瓦"号的照片（包括那些来自南极点的照片），进行数字
化处理后降低了它们的视觉信息量，然后再打印出来，
并在表面用油漆或水粉进行处理。他的意图是提高表面
的质感，所以观众需要从这方面来观察照片。离得太近
了，图像就会变得不可读；太远了，图像就会变得模糊
不清。

在南极进行特定地点的艺术并不容易，因为天气条
件以及有限的观众，但它确实有自己的历史，记录在照
片上。2007 年，迈阿密的艺术家泽维尔·科塔达在礼仪
杆周围安排了 24 只鞋，作为一系列装置艺术之一。由于
经线在极点交汇，这些鞋子虽然在一个紧密的圆圈里，
但都在不同的经线上。在每只鞋上，科塔达写上了该经
线上受气候影响的居住者的发言。我们很想知道当地人

对他的努力有什么看法。正如有时在他们的叙述中指出的那样，在一个住宿条件十分有限的地方，作家和艺术家往往被视为编外人员。

当然，南极人产生了自己的视觉反应，互联网上有无数的图片为证。萨马拉斯建议，鉴于到南极的游客相对较少，人均出镜率可能比迪士尼乐园还高。南极人还举办自己的"南极国际电影节"来展示他们的努力，而且（像其他南极站的人员）他们可以参加麦克默多基地举办的更大的电影节。在一个户外活动高度受限的环境中，该站还有自己的艺术和工艺室。有时能看见一些本土的雕塑，例如吸引人的"线轴"（一种线轴组成的日全食景观）。在对古代天文学的后现代理解中，一系列堆叠的巨大线轴最初是用来放置连接冰立方中微子探测器的电缆，现在成了一排纪念碑。在安妮·诺贝尔 2008 年展出的"南极洲的线轴横列"系列照片中，本土和外来的艺术相碰撞。

虽然近年来有关南极的艺术主要表现为静态摄影，但南极也是许多电影、电视纪录片和纪实剧的一个元素。通常，它在一个更大的故事中扮演一个小角色。例如，沃纳·赫尔佐格的南极纪录片《世界尽头的奇遇》中就有几个在南极的简短片段，导演对曾经到达南极表达了自己的看法。他认为，在文化层面上，阿蒙森和斯科特的到来意味着探险的结束，此后冒险退化为荒谬的探索。南极偶尔成为故事片的背景，从引人入胜的虚构片《禁区》到无足轻重的动作片《雪盲》，以及 2008 年的电视剧《豪斯医生》。然而，物流和费用限制了南极的现场拍摄。

人们对一个地方的直观感受，无论这个地方在他们的日常生活中多么熟悉，都不可避免地影响他们与这个地方的关系。当涉及南极（一个相对来说很少有人目睹的地方）图像的作用变得更加有力。小说家沃尔科特·吉布斯极地探险小说《极地鸟类生活》中幽默地指出了这一点。在小说中，报业巨头赫斯特先生说服一位英国探险家带领一支探险队前往南极，并承诺在返回时发表 400 篇新闻报道。在离开前，探险家们站在从芭蕾

安妮·诺贝尔的图像"我们生活过"系列中的第二幅照片 2012）

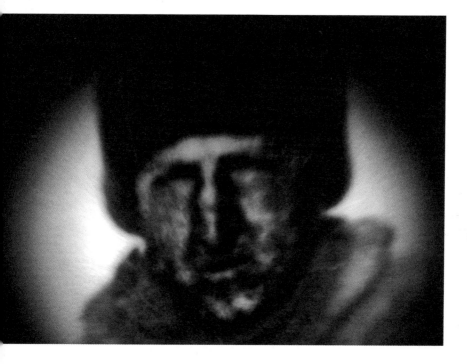

2013 年 9 月初的"线轴"（一种线轴组成的日全食景观）：一排用于冰立方探测器的电缆线轴，被初升的太阳从后面照亮，右边是微弱的极光

保罗·科德威尔，《在极点》，2013 年，水墨画，20 cm × 28 cm

舞剧中借来的雪山背景前拍照姿势。有人置疑这一形象是否符合人们对南极的看法，而探险队队长则被告知"人们认为一切都像他们在赫斯特的报纸上看到的那样"。在 21 世纪，大多数人对南极的直观感受仍然要依靠他人的表述，但至少现在有了多样化的图像可供参考。

9．冒险家和极限游客

1911—1912 年夏天，由阿蒙森和斯科特率领的团队抵达南极，标志着早期这探索的结束。然而，从另一种意义上说，这些探险开启了人类穿越南极的旅行：这是通往南极的第一批陆路穿越之旅，如今这样的旅行已多达数百次了。就像珠穆朗玛峰的顶峰一样，南极作为世界上最考验体力的旅程之一，仍然保持着它的魅力。然而，与珠穆朗玛峰不同的是，对于那些有足够资金的人来说，这是一个安全且容易到达的目的地。一家成熟的旅游公司可以让你飞到那里，在加热的帐篷里给你提供新鲜的食物，让你在厚厚的睡袋里舒适地过夜。

那么"探险家"这个词是否被模糊地理解成"冒险家"甚至"极限游客"？罗伯特·黑德兰在他的南极探险综合清单中指出，在 20 世纪的最后 10 年，出现了许多前所未有的活动，例如长跑、跳伞、打气球、冲浪、潜水、皮划艇、滑滑雪板以及各种耐力运动和类似的特技。他拒绝将"探险"一词应用于这种人为的冒险活动和类似的挑战行为。

然而，从历史上看，这条界线并不总是容易划定。富有的劳伦斯·奥茨提出，如果他能成为斯科特第二次探险队的成员，他将为其捐赠 1 000 英镑。鉴于一位现代研究人员将南极旅游定义为"以营利为目的的非政府旅行者搭乘商业性交通工具（包括住宿和餐饮）往返南极以满足其游览南极的目的"，从这个意义上去看，奥茨可能被认为是第一个到访南极的游客。斯科特的探险不是为了赚钱，但这是一项私人事业，而且奥茨确实有效地支付了前往南极大陆的费用，这对他来说可能代表了各种乐趣，尽管在他到达极点后，这些乐趣正在迅速减少。20 世纪早期的评论家早已看到了探险家和游客之间边界的渗透性。在沃尔科特·吉布斯的南极探险讽刺小说

运动员和探险游客飞往南纬 80 度，参加一年一度的南极冰雪马拉松

沃尔科特·吉布斯的《极地鸟类生活》中的探险家们被一个早期的旅游团队挡住了

《极地鸟类生活》中，一支南极探险队在关键时刻被一个旅游团队阻挡了。

如今，探险家和游客之间的界限更加模糊了。在过去的几十年里，大多数前往南极的私人探险队依赖商业运营商的后勤支持。评论家们指出，一些现代的旅游定义会将南极洲的大多数科学家和其他人员归为游客，因为他们的逗留时间太短。在这个大陆上，没有人永久居住，没有人可以在没有外界支持的情况下永久生存，所以每个人都是一个潜在的游客。

南极现在是一个有人居住的地方，有一条"公路"将其与海岸边的麦克默多站连接起来，那么南极作为一个旅游目的地有什么吸引力呢？对于一些人来说，尽管设备和服装有了创新，而且有了支持和救援服务，但要完成这段旅程仍然是极其艰难的，有时甚至充满危险，对于个人来说是一种挑战。著名的冒险家雷纳夫·法因斯在 1980 年底到达南极时的反应就是一个例子。作为环游全球的探险队的一部分（只使用地面交通工具，沿着经度的"大圈"穿过两极），他和另外两个人从毛德皇后地的边缘徒步穿越南极洲，这是自 20 世纪 50 年代福克斯·希拉里探险以来首次横跨大陆的旅行。抵达最南端的目的地时，法因斯疲惫不堪，同时感觉松了一口气，也感到有些困惑。冒险家们在车站的食堂吃饭，帮助洗碗和给冰淇淋机加水。法因斯本人并不排斥现代技术的便利性。他曾骑着滑板车前往南极，由飞机运送物资。但是，但这段旅程的圆满结束丝毫无损于他对这个地方的崇敬：

> "虽然地处偏远，大多数人无法到达，但在我们所有人的心中都有南极的影子。它是那个承载欲望和愿望的地方，是那个呼唤我们的家园，鼓励我们去迎接未知的挑战和荒野的自由。"

无论是像法因斯这样经验丰富的专业冒险家，还是像凯瑟琳·哈特利这样自称疲惫不堪的城市人，个人的挑战以及在南极高原上和穿越南极高原时深沉的冥想乐趣，是许多南极旅行的核心。但除此之外，还有其他的吸引力。正如黑德兰所指出的，对于一些人来说，南极初体验的机会是不可抗拒的。黑德兰和他的同伴是最先步行到南极的英国女性。比利时的迪克西·丹瑟科尔也创造了不少第一，他在为潜在的北极和南极冒险家编写的指南中表示出了担心——南极探险会变成一项简单的竞技运动。

冒险滑雪者从海岸
出发

　　相反，还有一些人喜欢重复别人的成就。怀旧而非创新成为主要基调，探险队以不同程度的方式真实再现曾经的开创性旅程。

　　最后，对于那些不能或不愿意自己去旅行的人来说，只要来到一个在一个多世纪前人类无法到达的地方，并且在全球范围内仍然是一个非常遥远而人迹罕至的地方，就会有一种自豪感。1988 年以来，人们可以付费作为游客前往南极，尽管费用昂贵，但这并不是真正的障碍。也许比在南极更好的事情是能够说你去过那里。鉴于在南极条件下沿海岸步行或滑雪超出了我们许多人的能力，商业旅游航班成为实现亲身到达南极的有效途径。即使是那些在南极工作的人，也不能免俗地夸耀自己曾经去过，甚至住过那里。但令他们扫兴的是，这个地方本身产生的名声比在那里工作的人或发生的任何事情要大得多。在这个意义上，南极工作者也与游客有相似之处。

20 世纪 50 年代末，随着科学基地的建立并不断对南极进行补给，私人探险家可以更准确地被归为冒险家。1957 年后，南极旅行者就知道，到达南极后，他们不必掉头往回走，无论是出于选择还是由于紧急情况，他们随时可以乘飞机撤离。这一认识对旅行有很大影响。

然而，这种情况也产生了问题。一些国家计划和私人探险队之间的关系不融洽。虽然前者会在需要时勉强提供支持和救援服务，但他们并不鼓励在南极大陆的独立活动，因为这有可能大大消耗他们的时间和资源。私人冒险家和美国南极计划之间冲突的一个典型例子是与"斯科特的足迹"探险队有关的冲突。冒险家罗杰·梅尔·罗伯特·斯旺和加雷斯·伍德沿着斯科特的南极队伍的路线，于 1985 年在埃文斯角过冬，然后像斯科特的队伍一样，于 11 月初出发前往南极。他们拖着雪橇到了极点，大约有 1 400 千米的距离。没有无线电联系，也没有外部援助。他们秘密安排了一名飞行员到极点接他们，但在他们预计到达最终目标的那天，出现了意外，他们的探险船在埃文斯角附近沉没。在他们的描述中，他们最大的对手不是这种不幸，也不是恶劣的环境，而是美国空军要求他们乘坐飞机从南极撤离。虽然南极的个别工作人员在他们到达时鼓掌欢呼，但官方代表却说："我并不反对你们，还是警告你们。我们之前已经说得很清楚了，南极不需要你们这样的冒险行为。"美国的政策仍然是，私人南极旅行者不能指望在阿蒙森-斯科特站得到接待。

最早的南极冒险家并没有追随阿蒙森和斯科特的脚步，而是追随理查德·伯德的脚步。1965年，私人飞机首次飞越南极。在飞机和航天器制造公司的赞助下，"飞虎队"的喷气式飞机所飞的路线也包括了南极点。1970年初，挪威人索尔·特耶恩特维特和埃纳尔·佩德森驾驶塞斯纳飞机从新西兰出发，途经麦克默多，到达南极，然后前往智利。几乎就在同一时间，美国人马克斯·康拉德驾驶着一架双引擎飞机沿着同样的初始路线飞行。他刚刚击败了挪威人，创造了第一个到达极点的民用航班的纪录，但不是第一个返回的。他的飞机"白企鹅"在返航起飞后坠落，被遗弃在南极，至今仍在那里。在接下来的几十年里，又有几位美国飞行员如埃尔根·朗、布鲁克·克纳普（第一位驾驶飞机进行两极之旅的女性）和理查德·诺顿，飞越了南极，作为创纪录旅程的一部分，他们的足迹遍及两极。飞行过南极的好处是避免了官方对着陆者的冷淡接待。对于在南极的疲惫飞行者来说，一杯咖啡就代表了所有的慷慨招待。

然而，典型的南极旅行仍然是走陆路——步行、滑雪，小团体或单独行动，也许还有狗，最好是在最少的支持和机械帮助下。在"斯科特的足迹"探险队之后，不可避免地会有更多的冒险家寻着曾经的旅程路线而来。

由挪威冰川学家莫妮卡·克里斯滕森领导的"南纬九十度"探险队的目标是沿着阿蒙森的路线到达极点。他们使用狗队，从鲸鱼湾出发，时间大约与梅尔和他的同伴们在南极高原上艰难跋涉的时间相同。由于起步晚，进展相对缓慢，探险队被迫在南纬86度左右折返。如果他们实现了目标，克里斯滕森将成为第一个通过陆地到达极点的女性。结果，这个第一是由雪莉·梅兹和维多利亚·默登获得的，她们是1989年初抵达极点的团队的队员。20世纪90年代初，克里斯滕森又带领探险队多次前往南极，寻找埋藏阿蒙森的帐篷，但这次探险以悲剧告终，一名队员坠入裂谷而死。

如果说阿蒙森和斯科特的足迹正在被追寻，那么沙克尔顿的足迹自然也在被追寻。著名的南蒂罗尔登山家莱因霍尔德·梅斯纳和他的朋友们一起，对沙克尔顿进行了考察。德国人阿韦德·福克斯接受了完成横跨大陆的挑战。而沙克尔顿在1915年不得不放弃这项任务，因为当时他的船"耐力"号在威德尔海沉没了。梅斯纳和福克斯使用了两个空投的补给站，但没有用狗或机动车辆。由于无法按计划从龙尼冰架的外缘出发，他们于1989年11月中旬从冰架内500千米的地方出发，在新年前夜到达南极，并于次年2月抵达罗斯岛。与此同时，另一支队伍的大陆穿越正在进行，他们是备受关注的国际跨南极洲探险队，由来自六个不同国家的六个人组成。他们选择的路线比梅斯纳的要长得多——6 400千米，要经过五个不同的站点，并且需要多次空投补给。这支探险队在冬季出发，用了 213 天完成旅程。

梅斯纳的团队和跨南极洲探险队都热衷于提高人们对南极洲未来的认识，当时一些国家正在辩论在该大陆采矿的可能性，而环保组织正在推动建立世界公园的替代想法。1991 年的相关议定提出了一系列的环境政策，包括禁止雪橇犬进入南极大陆；1994 年初，最后一批雪橇犬被带走。最后一次使用雪橇犬的私人探险队无意中证明了这一政策的明智性。使用狗队的日子结束，对探险活动增加了新的限制，特别是那些试图复制"英雄"经历的探险活动。

然而，还有其他到达极点的方式，有些并不明显。1992 年初，日本冒险家风间信二骑着一辆改装过的雅马哈摩托车到达南极点，此前他曾以同样的方式征服了北极点和几座标志性山脉。他的 24 天行程在一支雪地摩托队的支持下完成，创造了穿越南极的陆上速度纪录。然而，这一纪录被俄罗斯千年探险队使用的一组六轮"雪虫"打破，然后在 2005 年又被一辆改装的六轮驱动的福特货车打破，它只用了不到 3 天时间就完成了旅程。第一次以生物为燃料的车辆前往南极的旅程于 2010 年底完成，展示了该技术的能力。非机动车穿越南极的纪录也大量出现，冒险者在全部或部分旅程中尝试使用滑翔伞、风筝和自行车。

对于一些冒险家来说，特别的挑战就在于他们自身。

挪威残奥会奖牌得主卡托·佩德森没有手臂，他于 1994年与两个同伴一起滑雪抵达极点。他自己拖着行李，用假肢握住了滑雪杆。近乎失明的艾伦·洛克在 2012 年完成了这一旅程。高位截瘫的格兰特·科根在斯科特到达极点一百周年时，使用一种被称为"坐式滑雪板"的装置，到达了极点。2013 年底，英国哈里王子与一群人步行 200 千米到达南极，此前他们曾在北极进行过类似的长途跋涉。不久后，英国电视台播放了关于这一事件的纪录片。为慈善机构和事业筹集资金或提高人们对南极的认识，同时为支持者不断撰写关于探险的博客，已经成为 21 世纪南极探险的常见目的。

当然，南极穿越以及任何形式的南极旅游，只限于世界上一小部分有能力（或有能力筹集资金）支付旅行费用的人。因此，南极的冒险主义和旅游往往偏向于特定的人口，这种认识本身就产生了新的"第一"。例如，在斯威士兰贫困农村长大的西布萨义·维兰尼，在2008年初成为第一个无障碍步行到南极的非洲黑人，为贫困的非洲儿童筹集资金。

对于另一组冒险家来说，挑战在于尽可能地缩减旅程。探险活动是根据旅行者得到帮助的程度来分类的。"无助力"是指不使用外部动力来源（如狗、风或机动车）；"无补给"是指没有补给（旅行者携带旅途中所需的所有食物和设备）。1993年，挪威人埃林·卡格是第一个成功地在无助力和无补给的情况下独自穿越南极的人。第二年，丽芙·阿内森成为第二个实现这一目标的人（也是第一位女性），她在名为《好女孩不滑雪到南极》的书中写下了自己的经历。第三位是挪威人博格·奥斯兰，他在1996年首次独自穿越南极大陆时通过了南极点，不过他是在滑翔伞的帮助下完成的。

这些独行的冒险家，自给自足，在极简主义的景观中前进，随着旅程的深入，他们感受到了充实感。埃林·卡格对于自己的努力写道，"这是一件荒唐的事情，但爱使人盲目。我爱上了在白色的虚无中滑雪的感觉，我的雪橇上有整个探险所需的一切，而且，正如我在日记中所写的那样，能够感受到过去和未来都没有什么意义，我越来越想活在当下"。对博格·奥斯兰来说，这次经历形成了"一种冥想的状态，在那里你达到了你不知道的内心层次"，丽芙·阿内森则表示"与大自然融为一体的感觉仿佛知道我为什么在那里，生命是什么，我是谁"。

对于其他人来说，历史问题是最重要的。沙克尔顿、阿蒙森和斯科特的南极之旅一百周年纪念，毫不奇怪地引发了大量的探险活动，其中一些活动再现了原始事件的各个方面。2008年，沙克尔顿集体百年纪念探险队抵达极点，所有成员都是尼姆罗德探险队的后裔。在此期间，沙克尔顿领导的探险队决定在离目标不到185千米的地方掉头。探险者的目的是完成未完成的家族事业。然而，大部分的焦点是在阿蒙森和斯科特身上。英国广播公司电视于2006年上映的纪录片《暴风雪》在格陵兰岛而非南极举办了一场由参赛队伍使用复制品、服装、设备、食物和狗的比赛。最终挪威队赢了。随着南半球夏季的临近，许多团队开始向南极汇聚，许多人希望能及时到达南极，参加2011年12月14日举行的纪念阿蒙森首次抵达南极一百周年的官方仪式。极地终极竞速赛于2008—2009年在南极开赛（英国队在第一次活动中的经历被拍摄成纪录片《在薄冰上》）；2011—2012年举办了阿蒙森-斯科特百年纪念赛。参赛者从南极洲东部海岸出发，争先恐后地到达南极。在由剑桥公爵和公爵夫人发起的更正式的阿蒙森-斯科特百年纪念赛中，两支队伍（无助力的队伍和无补给的队伍）按照原来的路线，在2012年1月17日准时到达百年纪念官方仪式现场。两支队伍均由英国军人组成，为英国皇家军团筹集资金。

爱尔兰阿纳斯科尔的南极酒馆。汤姆·克雷恩是南极探险队的老兵，也是斯科特南极考察队的支援团队成员，他在回到爱尔兰后建立了这家酒馆

并非所有的百年纪念活动都是比赛，有些活动更注重对原始活动细节的纪念。2011 年，一支挪威探险队旨在重现阿蒙森的日常行程，当然这次没有狗的帮助。然而，后勤方面的困难推迟了出发时间，两名成员不得不乘飞机飞越最后 80 千米，以便及时到达极点参加正式的阿蒙森百年纪念仪式。随后，他们向北滑行，并在挪威首相延斯·斯托尔滕贝格的见证下重走最后十几千米到达极点。其余两名成员在当地（新西兰）时间午夜前正式抵达，他们滑行了全程。另一支挪威探险队试图使用仿制的服装和装备按照原来的路线重现这次活动，领队阿尔塞·约翰森也选择乘坐飞机完成最后一段路程，以免错过百年纪念活动。100 多名参观者以及站内工作人员出席了正式仪式，其中包括用冰块制作的阿蒙森半身像的揭幕仪式。

斯科特的百年纪念活动必然更加低调。在 2006 年百

年纪念的前几年，一个为慈善事业筹集资金的导游团利用当时的服装和设备再现了斯科特的旅程，或者说，是其中选定的一部分。由于他们只走了旅程的最后 270 千米，这段行程斯科特的团队仅仅依靠人力拖运，因此不需要狗和小马。然而，穿着爱德华时代的服装拉雪橇，对于这段悲惨旅程的一百周年纪念活动来说，显然是不合时宜的。据一位观察家说，标志着英国队伍抵达极点的仪式比挪威的仪式规模要小，而且其纪念的含义也更加发自肺腑。2013—2014 年夏天，两名英国冒险家按照斯科特的原计划路线往返于极点，这是史上首次完成这一壮举的人。这是历史上无援助的南极探险队走过的最远距离（尽管从技术上讲这并非完全无援助，因为他们途中曾被迫补充给养）。

许多百年纪念的探险活动是由南极旅游公司促成的。到 20 世纪的第一个十年，南极旅游已经是一个成熟的产业，满足不断增长的市场需求。几十年来，游客们一直在前往南极，或说是飞越极点。最早的旅游飞行出现在 1968 年，当时设在波士顿的理查德·伯德海军上将南极中心赞助了一次飞越两极的飞行，机上有 67 名游客。泛美航空在 9 年后进行了类似的两极飞行，以庆祝其成立 50 周年。这些都是一次性的活动，但在澳大利亚企业家迪克·史密斯 1977 年的倡导下，澳洲航空公司的飞机在南极东海岸附近进行了一系列旅游飞行。在接下来的几年里，澳洲航空公司和新西兰航空公司在南极洲沿海地区的夏季商业飞行成为常态，直到 1979 年的埃里伯斯山灾难，其中一架飞机上的 247 名乘客因坠入山中而全部遇难，使这些飞行停止了一段时间。与此同时，20 世纪 60 年代末以来持续活跃的南极游轮旅游开始蓬勃发展。这显然仅限于该大陆的沿海地区。

南极旅游仍然很困难。为了将大量的游客和货物运到大陆内部，运营商需要使用带轮子（而不是滑雪板）的远程飞机，这些飞机可以从南美或南非进行洲际飞行。鉴于南极大陆只有一小部分是裸露的地面，而且基本是山地，因此建设冰上跑道是一个明显的解决方案。在 20 世纪 80 年代中期，国际冒险网开始寻找蓝冰跑道的可能地点。蓝冰跑道通常出现在山的背风面，大风把积雪刮走，为飞机提供轮式着陆的可能。人们将南极半岛西南部纬度 80 度左右的爱国者山的一个地方作为定居点（离

四个人重现了斯科特跋涉到南极的情景，为脑瘫研究筹集资金

极点大约 1 000 千米），国际冒险网在 1987—1988 年夏
天开始用 DC-4 飞机运载付费客户前往该地。这些客户中
一些是登山者，他们的目的是攀登南极洲的最高峰——
文森山。另一些人则把目光投向了南极点，他们在 1988
年初乘坐装有滑雪设备的飞机飞往南极，他们也是最早
的一批游客。第二年，该公司首次提供了前往南极的导
游服务，一个由 11 人组成的团队从大力神湾出发，乘坐
雪地摩托辅助的雪橇前往。到 2005 年，国际冒险网声称
已支持几乎所有徒步、乘车或乘飞机穿越南极大陆的探
险队。虽然还有其他公司提供前往南极洲内陆和南极点

安妮·诺贝尔的《南
极洲威廉敏娜湾》，
讽刺地指出了，旅游
业兴旺的悖论，这个
地方以"未被人触
及"而闻名

载着南极游客的伊留申飞机接近一条蓝冰跑道

的旅行服务，但自 2010 年起国际冒险网已经主导了南极旅游业。

在 21 世纪初，如果你想去南极旅行，有一系列的选择，取决于你的体能水平和动机。在《孤独星球》旅游指南中有专门介绍南极的章节，或者在旅游经营商的网站，你可以很容易地找到这些选择。对于真正的冒险家，国际冒险网提供从龙尼冰架内侧边缘的地点出发的穿越活动。他们的费用约为 65 000 美元（不包括往返智利蓬塔阿雷纳斯的旅费），并且需要几个月的培训。对于那些寻找挑战，但不能或不愿尝试这样长途跋涉的人来说，还有一个稍微便宜的选择，即"滑雪穿越最后一纬度"，距离南极点 111 千米，通常需要 6 天时间来穿越。对于南极爱好者来说，可以选择在南极露营过夜，地点距离阿蒙森-斯科特站仅 1 千米。国际冒险网的宣传材料在保持一种无畏的精神和自由选择之间达到了平衡。潜在客户可以体验南极探险，他们在探险队风格的帐篷里过夜，

伊留申飞机在蓝冰跑道上降落，令游客们兴奋不已

但估计他们会惊讶于南极洲的舒适度，吃饭和娱乐都在有暖气的帐篷里进行。人们也可以从联合冰川的国际冒险网营地飞往南极，四到五个小时的飞行，并在同一天返回，还包括科学基地的参观。

　　南极旅游似乎运行得非常顺利，只有一个悲惨的例

登山者接近文森山基地（文森山脉在后面

外。1997 年，一个由六人组成的私人探险队前往南极跳伞，使用的是一架由国际冒险网提供的包机。一对双人跳伞（在南极的首次此类跳伞）顺利着陆。第三名跳伞员因及时展开备用伞，才安全着陆。其他三人根本没有展开他们的降落伞，就在撞击中死亡。人们对这场悲剧进行了大量猜测。缺氧造成的茫然是一种可能性。幸存的单人跳伞者在下降过程中也遇到了一些问题。尽管跳伞者是从高原上约 2 400 米处跳下的，但南极点本身位于海平面以上 2 800 米处。这些人跳下时空气较为稀薄，这意味着坠落速度比他们从海平面以上 2 400 多米处跳下的速度要快得多。南极地区的气压比低纬度地区低，更加快了下降速度。跳伞者可能没有在心理上适应这种差异，特别是没有考虑到白色冰面几乎没有可供定

通过 150 千米非正式通道接近南极。即使在地球的最南端，人们也需要沿着一条清理过的路走，以避免进入被掩埋的原站

位的视觉线索。这次事故的死亡人数占南极所有死亡人数的一半，对该站的居民产生了重大影响。正如一位居民所说的那样："大多数听说过这个站的人不认为它是某个人的家，它只是一个站或一个研究设施，或者只是一个旅游景点。但我们认为它是家，我们的家受到了影响。"

南极旅游引起了相当多的关注，不仅是安全方面的影响，还有环境影响。在20世纪90年代初，国际南极旅游组织协会成立，为该地区的旅游业制定指导方案。国际冒险网是创始成员之一，并以其拥有环保资质为荣。与阿蒙森-斯科特南极站不同，该公司将人类

距离南极点最后一纬度滑雪的游客向他们的飞机挥手

垃圾运出大陆进行处理，并在每年夏天结束时拆除其在南极的营地。对南极旅游业最大的担忧是 20 世纪 90 年代以来人数的大规模增长，但这与南极点的关系不大。南极游客总数在 2007—2008 年夏季达到顶峰，约为 46 000 人，虽然随着全球金融危机的爆发，游客数量有所下降，但仍有数万人。这些游客中的绝大多数乘坐游轮前往南极大陆的沿海地区。尽管在 20 世纪 90 年代初，蓝冰跑道的先驱之一上演了波音 747 飞机将数百名游客送上冰面的场面，但南极旅游的高成本，即使是在南极过夜也要花费约 50 000 美元，这使游客数量持续走低。

乘坐滑雪板前往南极的游客必须自己带走所有的食物，以及垃圾和人类排泄物

　　这种排他性本身就是南极旅游成功的关键。大量游客会大大减弱吸引人们前往南极体验孤独感和冒险精神。相对较少的游客数量给旅行者"第一感"。那些乘坐第一批旅游航班的人额外支付了 10 000 美元，以便比下一个航班提前一刻钟降落。在 21 世纪的第二个十年，旅游经营者仍然把抵达南极作为极少数人实现的壮举。研究人员指出，即使在游轮旅行者中，也避免使用"游客"一词。相反，旅行是一次探险。

> "游客被视为探险者，他们不仅仅是观光者，还是冒险进入原始冰水和未知大陆的无畏旅行者。体验不适、有潜在危险的旅行，使人们有合法的权利在旅行者的层次结构中适当地定位自己。"

然而，危险和不适是相对的。在他对南极生活的描述中，尼古拉斯·约翰逊回忆起在南极站酒吧看到一群人，他们滑过了"最后的纬度"。他问一个当地人："他们花钱在地图上滑雪?""你说对了"，他回答说，"然后他们得到了一杯免费咖啡，在南极拍了一张英雄照，接着就走了。"约翰逊指出，虽然飞机航班上的游客一般容易被忽视，但南极人对那些真正为他们工作的跨大陆探险家非常热情。阿蒙森-斯科特站还迎合了非英雄游客的需求，提供了一个游客中心和礼品店，他们可以在那里购买旅途中的纪念品。

即使对于那些穿越者来说，也有不同程度的成就。一些旅行家，如黑德兰，不承认国际冒险网组织的从大力神湾或麦克默多站出发的旅程是完整的穿越。而国际冒险网认为这些出发点位于南极大陆边缘，对黑德兰来说是"内陆"。然后是独立的冒险者和那些花钱请导游穿越南极大陆的人之间的区别，独立的冒险者往往使用国际冒险网进行后勤支持。一个很好的例子可以在约瑟夫·墨菲对早期有向导的探险队的描述中找到，其中包括默登和梅兹，她们是最早到达极点的女性。假设她们从龙尼冰架的内侧边缘出发，根据墨菲的说法，这两名女性在听到她们即将到达的经历被描述为一次旅游时变得很生气。她们不打算花 7 万美元进行一次旅游。她们认为这是一次探险，而不是一次旅游。如果这只是一个商业旅游，她们根本不会去！

在一本书中，哈特利也敏锐地意识到了探险队的等级划分，当她听到她的导游说他们身后的独立女队应该得到真正的荣耀时，她记录了自己的挫败感。哈利特说："如果你认同的话，我是参加了一次商业探险，我是花钱请人带我到极点的。"然而，哈特利虽然坚决反对被归类为普通游客，但她更喜欢"极限游客"这个词，她坚持认为她的穿越是一次个人探险旅程。

从一些角度看，南极旅游的概念是荒谬的。除科学站和一些标记外，几乎没有什么可看的。能够在礼品店买到纪念品是一件喜忧参半的事。尽管它可能有某种通俗的魅力，但它把崇高和荒谬的东西拉得太近，似乎提醒着来访者的身份确实是一个游客，而不是探险家。两座停用的南极站已经消失了，它们曾经给人一种遗迹的感觉。除非你的旅程令人印象深刻，否则当地人很可能对你的个人经历不屑一顾。在这个著名的原始冰雪景观中，你远离家乡的旅行所产生的足迹不容小觑。你的周围是一片白色的高原，向四面八方延伸。没有吸引人眼球的自然景点，也没有可以短期游览的地方。这里极端的温度使长时间在户外活动成为一种考验。经历如此强烈的寒冷当然是值得体验的。但是，南极夏季（唯一可供游客参观的季节）的温度可以于冬季在俄罗斯或加拿大的部分地区以更低的价格体验到。

尽管如此，南极作为旅游目的地，仍然保持着独特的魅力。21 世纪初，能够站在地球的中轴线上；能够短暂一晚，甚至一小时从地球自转中脱离；能够亲自踏足地图的边缘、世界的中心，似乎仍然有着别样的意义。